KB062052

외고에서 통하는
엄마표 영어의 힘

그림책과 영상으로
우리 아이 공부머리 키우기

외고에서 통하는
엄마표 영어의 힘

김태인 지음

MIXCOFFEE

느리지만 가장 빠르게
글로벌 인재로 키우는 방법

아이들이 살아가는 현재는 이미 국경을 초월한 글로벌 세상입니다. 게다가 코로나19를 겪으며 아무도 예상할 수 없었던 환경으로 세계가 변화했지요. 가장 느리게 변할 것 같았던 교육 분야도 예외는 아니었어요. 수업은 온라인 비대면으로 빠르게 전환되었고 인터넷 강의가 보편화되었습니다. 영어책과 영상을 기반으로 영어를 접하기에 더 적합한 환경이 마련되었다고 볼 수 있어요. 그런 디지털 환경에서 영어의 중요성은 더욱 커지고 있습니다.

　제가 아이들의 영어를 위해 세웠던 목표는 '자유로운 영어 구사'였습니다. 한국어는 물론이고 영어로도 자기 생각을 논리적으로 표현하는 능력이 필요하다고 생각했습니다. 말과 글을 자유롭게 구사한다는 것은 자신의 세계를 확장할 수 있다는 것이고, 다양한 정보와 지식을 바탕으로 세상을 바라보는 시야를 넓힐 수 있음을 의미합니다. 상대방의 생각을 이해하고 공감하는 진정한 의미의 의사소통 능력 말이죠. 저로서는 영어책과 영상을 통해 모국어를 습득하는 것과 같은 영어 환경을 마련해주는 게 엄마표 영어의 시작이었습니다. 아이가 책을 읽고 영상을 본다면 부모로서는 전혀 공부하고 있다고 느껴지지 않을 수도 있습니다. 하지만 이 시간은 아이들이 언어를 익히는 최고의 시간이고, 가장 느린 방법 같지만 사실은 가장 빠른 언어 습득방법입니다.

언제부턴가 엄마표라는 이름이 어떤 형식에 얽매이는 공부가 되어가고 있는 듯해서 안타까운 마음이 들었습니다. 단계별로 정형화된 루트를 따라가야만 한다는 느낌을 받았지요. 바로 이 점 때문에 많은 분이 시도해보기도 전에 두려워하고 포기하는 것 같습니다. "우리 아이는 이 방법은 안 될 거야." "너무 어렵고 복잡해. 기관에 맡길 거야." 하며 안 될 거라고 단정하기도 합니다. 집에서 하든 학원에 다니든 영어책과 영상으로 꾸준히 영어를 접하는 환경이 필요한데 말이죠. 남들이 말하는 로드맵에서 벗어나면 안 될 것 같은 마음이 들 수도 있어요. 꼭 이대로 따라가야 원하는 수준에 이를 수 있다고 생각하는 것이죠. 하지만 그런 규칙은 없습니다.

우리 아이에게 맞는 길을 찾아가면 됩니다. 일정이 너무 힘들고,

아이가 즐기지 못한다면 엄마표 로드맵은 머릿속에서 모두 지워보세요. 아이마다 모두 다른데 남들이 하는 방법을 똑같이 따라 할 필요가 없답니다. 우리 아이를 있는 그대로 바라보는 것부터가 중요합니다. 정답은 없습니다. 방법을 참고하되 아이에 맞게 적용해보세요. 다만 요즘 아이들이 바빠 시간이 없다면, 집에서라도 충분히 읽기와 듣기를 해야 한다고 생각합니다. 학원에 다니더라도 좋아하는 콘텐츠로 영어를 접하는 시간이 필요하다는 말이죠. 아이마다 좋아하는 매체와 방법이 다르니 아이들을 잘 살펴보시기 바랍니다.

　많은 엄마가 "책을 몇 번 읽어줘봤지만 아무런 효과가 없어요." "아이들 할 일이 너무 많은데 한가하게 책 읽을 시간이 없어요." "책과 영상이 좋은 줄은 알지만 받아들이는 속도가 너무 느려요." "영어가 재미로 해결되는 게 아닌데 엄마표 영어는 한계가 있지 않을까요?" 등 엄마표 영어가 안 되는 이유를 말하곤 합니다. '안 된다' '어렵다'라는 결론을 내리면 그 이유만 보이기 마련입니다. '엄마표'를 어떤 시야로 바라보는가에 따라 엄마표의 한계가 만들어집니다. 가능성 있는 한 가지 이유라도 있다면, 그것을 믿고 나아가기를 바랍니다. 자연스러운 영어 환경을 만들어주는 것이 먼저입니다. 아이들이 책과 영상을 즐길 수 있는 방향으로요. 외부 환경에 흔들리지 않았으면 합니다. 방향을 정한 후 중심을 가지고 진행하기 바랍니다.

외고에서 통하는 엄마표 영어의 힘

재미있는 영어책 읽기와 영상물 보기는 그 자체로 함께 이야기하고 웃었던 소중한 시간이기도 했고, 이제 대학생과 고등학생이된 두 아이가 여전히 영어 실력을 유지하는 방법이기도 합니다. 재미있기에 꾸준히 진행해올 수 있었고, 공부라기보다 언어를 즐겁게접하는 과정이었습니다.

수업이나 공부로 어렵게 영어를 접한 엄마이기에, 처음에는아이들이 영어책을 보고 있다는 것만으로도 새로운 세계를 만난 것 같았습니다. 앤서니 브라운(Anthony Browne)의 『Willy the Dreamer(꿈꾸는 윌리)』를 읽으며 꿈꾸는 고릴라의 모습이 되기도하고, 바나나 숨은 그림 찾기를 하며 책 구석구석을 들여다보는 즐거움을 느껴보기도 했어요. 루이스 새커(Louis Sachar)의 『Wayside School(웨이사이드 스쿨)』 시리즈는 작가의 기발한 상상력으로 아이들을 키득거리게 했지요. J. K. 롤링의 『Harry Potter(해리 포터)』를처음 읽을 때는 내용이 궁금해서 아이들이 꼼짝도 하지 못할 정도였어요.

영상은 또 어떤가요? '까이유(Caillou)'를 보면서 또래의 생활에감정이입을 하게 되고, '리틀 베어(Little Bear)'의 잔잔한 영상을 보며 가족과 친구와의 따뜻한 사랑을 느끼게 됩니다. 〈나홀로 집에(Home Alone)〉 시리즈의 주인공 케빈이 2명의 악당을 물리치는 장면을 볼 때는 거의 쓰러질 듯 웃음을 빵빵 터트리곤 했어요. 저는 영상이나 영화의 엔딩 음악이 나올 때면 어김없이 아쉬워하는 아이들을 보며 '영어를 즐겁고 자연스럽게 습득해가고 있구나.' 생각하게 되었고, 간혹 아이들에게 진심으로 부러운 마음이 들기도 했어요.

여기에 특별한 비법이 있다면 매일 하는 꾸준함이었습니다. 매일 밥을 먹는 것처럼 영어가 일상에 스며들게 만들어보세요. 의식하지 않아도 저절로 하게 되니까요. 천천히, 꾸준히 하다 보면 결과는 자연스럽게 따라옵니다. 꾸준함은 영어뿐만 아니라 배움에 대한 긍정적인 태도와 새로운 것에 대한 호기심 등 공부의 기초 체력을 키워줍니다. 아이들을 믿고 지켜봐준 것이 아이들이 공부하는 데 커다란 힘이 되었던 것 같아요. 첫째는 외고를 거쳐 서울대에서, 둘째는 영재학교에서 자신들의 꿈을 펼쳐나가고 있습니다.

복잡하다고 생각하지 말고 단순하게 시작한다는 마음을 가져보면 어떨까요? 영어를 편안하게 받아들일 자연스러운 기회를 만들어주는 것이죠. 언젠가 해야 하는 영어라면 초등학교까지가 집중하기에 가장 좋은 시기일 수 있습니다. '재미있는 책과 영상으로 즐겁게' 말입니다.

우리 두 아이도 10년 정도 되니 자유롭게 책을 읽고 영상 보는 것을 즐기게 되었습니다. 그 이후에 학원을 다녀보기도 했지만 다시 집에서 영어 환경을 지속해나가는 방법을 선택했지요. 영어책과 영상으로 다져진 영어가 아이들의 든든한 실력이 되어줄 것이라 생각했기 때문입니다.

빠른 속도로 시대가 변하고 입시정책이 바뀌어도 자녀가 유연하게 대처할 수 있는 유창한 영어 실력을 갖추기를 바랍니다. 언어의 제약을 받지 않고 꿈을 펼쳐나갈 수 있도록 말이지요. 가장 좋은 방법은 책을 읽고 영상을 보는 것을 '즐기게' 하는 겁니다. 영어의 목표가 단지 내신과 수능, 좋은 대학을 가기 위한 것만은 아니니까요. 대입만을 목표로 한다면 대학에 입학할 수 있는 수준만큼만 영어를 할 수 있을지 모릅니다. 대학 이상의 세계를 볼 수 있도록 넓은 시야를 가지면 좋겠어요.

진정한 영어 실력을 갖추려면 어떤 방향으로 가야 할지, 기초를 튼튼하게 만드는 방법은 무엇일지 부모가 먼저 관심을 가졌으면 합니다. 제가 내린 답은 영어책과 영상으로 살아 있는 언어를 만나게 해주는 것이었습니다. 어떤 방법을 병행하더라도 기본적으로 책과 영상을 충분히 접하는 환경이 뒷받침되어야 합니다. 느린 듯하지만 가장 빠르고 효율적인 방법입니다.

우리 아이들이 글로벌 세상에서 세계 시민으로서 당당히 역할을 할 수 있도록 탄탄한 영어 실력을 갖추며 무럭무럭 성장해나가길 바랍니다.

김태인

차례

1장

영어를 모국어처럼
구사하기

자유로운 영어 구사 능력을 위해

언어를 습득하는 가장 자연스러운 방법은 무엇일까? 바로 모국어를 습득할 때처럼 언어가 일상에 스미게 하는 것이다. 모국어를 습득할 때와 비슷한 영어 환경을 아이들에게 최대한 마련해주려고 노력한 이유다. 영어 그림책 한 권과 영어 영상이 두 아이에게 새로운 세상을 열어주었고, 생생한 언어를 습득하는 기본 바탕이 되어주었다.

나를 비롯해 수많은 성인이 영어로 어려움과 시행착오를 겪어오고 있다. 매년 새해 목표 중 하나가 영어 공부인 사람이 많을 것이다. 처음 얼마간은 잠시 의욕을 보이지만, 얼마 가지 못하고 흐지부지되는 일이 많다. 영어를 잘하고 싶다고 하지만 과연 얼마만큼의 시간과 노력을 쏟아왔는지 되돌아볼 필요가 있다. 막연한 생각만 가지고 있을 뿐, 꾸준히 영어를 지속해오지는 않았을 것이다. 회화책을 뒤적여보거나 문법책을 조금 보다가 앞부분만 손때가 묻은 채로 흐지부지 영어 공부를 끝낸 적도 많을 테다. 10년, 20년 영어 공부를 했다고 말은 하지만 실제로는 크게 노력을 기울이지 않았을 수도 있다.

미래에 더 넓은 세상을 살아갈 아이들의 영어 교육은 과거의 방법과는 분명 달라야 한다. 아이들이 자연스럽게 언어를 습득하고 자유롭게 언어를 구사하는 즐거움을 알았으면 한다. 한글책을 읽는 것처럼 편안하게 영어책을 받아들이고, 영어 영상을 보면서도 충분히 몰입하고 즐길 수 있기를 바란다. 아이들이 이렇게 '자유로운 영어 구사 능력'을 지녔으면 하는 마음에서 엄마표 영어에 관심을 갖게 되었다.

엄마표 영어를 시작한 이유

엄마표 영어를 시작한 첫 번째 이유는 책을 통해 일상의 언어가 담긴 글을 접할 수 있기 때문이었다. 책을 읽으면 다양한 어휘와 문장은 자연스럽게 습득된다. 한글과 일대일로 대응시켜 단어를 외우는 게 아니라, 텍스트 안에서 의미와 쓰임새, 뉘앙스를 이야기의 흐름으로 자연스레 파악할 수 있다. 문장을 분석하며 문법을 외우는 게

외고에서 통하는 엄마표 영어의 힘

아니라, 수많은 문장을 읽다 보면 문법 체계가 머릿속에 자연히 정리된다. 단편적으로 단어를 외우더라도 문장으로 활용하지 못한다면 아무 소용이 없다. 읽고 들으며 문장을 체화하고 의미를 알 수 있어야 한다. 그래서 문제 풀이만을 위한 교재보다는 영어책으로 작가들이 풀어놓은 언어를 그대로 만나는 것이 중요하다고 생각했다. 그것도 재미있는 스토리로.

두 번째 이유는 엄마표 영어가 모국어를 배우는 과정과 비슷하기 때문이었다. 아기가 말과 글을 알아가는 과정을 떠올려보자. 말문이 트이기 전에도 부모가 한글책을 읽어주고 노래도 불러주는 등 수많은 소리에 노출된다. 엄마의 목소리를 통해 그림책을 보며 의미를 파악하고, 소리에 익숙해지면서 소리와 문자의 상관관계를 서서히 인지하게 된다. 말과 글을 자연스럽게 이해해가는 과정이다. 말을 처음 배우는 아기가 모국어를 알아가는 것처럼, 영어도 그대로 적용해보기로 했다. 영어도 자신의 의사를 표현하기까지 엄청난 양의 듣기가 먼저 필요하다. 또한 가장 편안하면서도 효과적으로 듣기와 읽기의 기반을 마련해주는 것이 중요하다고 생각했다. 그 도구가 바로 책과 영상이었다.

세 번째 이유는 더 넓은 세상으로 나아가게 하기 위함이었다. 철학자 비트겐슈타인은 "언어의 한계는 세계의 한계다."라고 했다. 언어가 자유롭다면 아이들이 경험하는 세계가 그만큼 커질 것이라고 믿었다. 전 세계는 이미 시공간의 제약이 거의 없을 정도로 하나가

되어 있다. 이런 무대에서 자신의 능력을 펼칠 수 있는 영어 능력은 꼭 필요하다. 공부나 비즈니스를 하며 알맞은 정보를 찾고, 자신의 필요에 맞게 지식을 재생산하고 자유자재로 영어를 사용할 수 있어야 한다. 자기 생각을 논리적으로 표현하는 것뿐만 아니라 상대방과 의견을 조율하고 누군가를 설득할 수 있을 정도의 원활한 의사소통 능력이 필요함은 물론이다.

3살 터울로 태어난 두 아이에게 영어는 공부가 아닌 항상 즐거움의 대상이었다. 중학교를 거쳐 빡빡한 외고 생활에서도 영어를 자유롭게 할 수 있었던 것은 영어책과 더불어 영상 보기를 즐겁게 유지한 덕분이다. 중·고등학교, 대학교, 사회에서 그때그때 필요한 시험만을 위한 영어가 아니라, 진정한 자신의 영어 실력을 만드는 것이 중요하다.

우리 아이들은 원서를 읽고 영화와 미드를 보며 살아 있는 영어를 계속 접하고 있다. 각각 대학교와 고등학교에 재학 중인 남매에게 영어는 언제나 기대되는 콘텐츠를 만나게 해주는 도구다. 재미있게 해왔을 뿐인데 아이들의 영어 실력은 어느새 쑥쑥 성장했고, 지금은 자신들의 위치에서 열심히 공부하면서 미래를 준비하고 있다.

모국어와 영어를
동시에 배우도록

아이가 태어난 직후 육아와 교육에 관심이 많던 때다. 어느 날 신문을 읽다가 영어 교육에 관한 기사를 보고 '유레카'를 외쳤다. 모국어 접근 방식처럼 영어도 충분한 소리 노출과 함께 책 읽기를 통해 자연스러운 습득이 가능하다는 내용이었다. 책으로 영어 교육을 시작해야겠다고 방향을 정한 후 주변을 둘러보니, 비슷한 방법으로 진행하는 사람이 거의 없었다. 어디 물어볼 곳도 없는 상태에서 이때 읽은 기사는 아이의 영어 교육 방향에 대한 확신을 주었다. 지금도 마찬가지지만, 당시에도 영어 조기 교육의 폐해에 관해 언급하는 기사와, 언어 교육은 빠를수록 자연스러운 습득이 가능하다는 주장이 팽팽히 맞서고 있었다.

성인이 이전에 해왔던 단어 암기, 문법 위주의 학습 방법을 아이들에게 그대로 적용한다면 조기교육이 문제가 될 수 있다. 하지만 엄마표 영어는 우리말 습득 방식과 비슷한 방법으로 엄마가 책을 읽어주며 적절한 환경을 마련하는 것이니 지나치게 확대 해석하지 않으면 좋겠다. 영어책 읽기와 영상 시청은 즐거운 생활 중 하나였고, 영어를 배우는 가장 쉽고 자연스러운 방법이었다. 영어를 읽고 듣는 환경을 마련해주기만 해도 충분했다. 그렇게만 해주어도 영어를 익힐 수 있다는 믿음이 있었기에 두렵지 않았다. 소리를 먼저 충분히 듣고 많이 읽으면 누구나 할 수 있는 언어 습득 방법이다.

모국어가 튼튼하다는 것

모국어는 아이들이 처음 만나는 언어다. 말을 처음 배울 때 외부에서 들려오는 소리에 귀 기울이는 것부터 시작한다는 점을 생각해보자. 아이들은 태어나면서부터 끊임없이 모국어 환경에 노출된다. 일부러 환경을 만들어주지 않아도, 의식하지 않아도 아침부터 잠들기 전까지 다양한 말소리가 들려온다. 모국어라도 말을 하고 글을 읽기까지는 상당한 시간이 필요하다. 아이가 '엄마'라는 말을 하기 전까지 '엄마'라는 소리를 수만 번은 듣는다. 그런 후에야 드디어 "엄마"라고 입 밖으로 소리 내서 말하게 된다. 외부의 언어 자극을 스펀지처럼 흡수하는 시기에 충분한 언어 환경을 마련해주어야 한다.

모국어를 잘하는 아이들은 읽고 들은 내용을 바탕으로 자기 생각을 말과 글로 논리적으로 표현할 수 있다. 글을 읽고 이해력을 높이려면 모국어 배경지식을 확장하는 것이 무엇보다 중요하다. 평소에 한글책을 읽고 이야기 나누는 시간을 많이 가져보자. 책의 내용을 소재로 시작된 대화가 일상으로 확대되고, 아이와의 대화를 늘려가는 기회가 된다. 모국어 기반이 튼튼하다면 다른 언어를 받아들이는 것도 대체로 유연하다. 영어를 진행하면서도 무엇보다 중점을 둔 부분이 모국어 실력을 다지는 것이었다.

한글책을 읽어주는 것처럼 영어책 한 권을 읽어주는 것이 시작이다. 두꺼운 소설이든 한 줄짜리 그림책이든 영어 소리를 들려주는 것이 먼저다. 아이와 눈을 맞추고 일상적인 말을 하는 것처럼 소리 자극을 줘보자. 이러한 모국어 습득 방식이 영어의 충분한 인풋(input)을 가능하게 한다. 그래야 영어도 모국어처럼 자연스럽게 습득할 수 있다.

처음에는 의무감으로 시작할 수 있지만, 책을 읽을 때 아이들의 눈빛과 행동을 보면 엄마의 마음이 달라질 것이다. 너무 바빠도 포기할 수 없는 시간이 될지도 모른다. 함께 책을 읽으며 아이들은 엄마의 사랑을 있는 그대로 느낄 수 있다. 책은 아이들이 엄마의 사랑을 확인하는 매개체가 된다. 아주 짧은 시간이라도 아이에게 온 마음을 다해보자.

책 읽는 즐거움을 알아가도록

"어떻게 하면 아이가 책 읽는 즐거움을 느낄 수 있을까?" 책을 좋아하는 아이로 키우고 싶지만, 현실에서는 잘 되지 않으니 답답해하는 부모님이 많다. 더구나 한글책을 읽는 것조차 습관이 안 된 아이들은 영어책 읽기가 힘든 게 당연하다. 영어가 어렵기도 하지만 책을 읽는 것 자체가 힘들기 때문이다. 그런 아이는 독서의 기쁨을 한 번도 경험해보지 못했을 수도 있다. 한글책을 먼저 읽으며 책이 주는 재미와 즐거움을 느낄 수 있도록 해보자.

"왜 우리 아이는 영어책 읽기를 싫어할까?" 하고 실망하지 않았으면 한다. 책을 즐겁게 읽은 경험이 없는 아이는 처음부터 책에 관심을 보이지 않을 수 있고, 낯선 영어책이 더 두려울 수도 있다. 아이를 잘 관찰해보자. 급한 마음에 아이에게 강요하지 말고 '왜 그럴까?'를 아이의 입장에서 생각해보자. 책 읽기가 재미있다고 느낀다면 절반은 성공이다.

지금부터라도 아이가 관심을 가질 만한 책 한 권으로 시작해보자. 5분, 10분… 시간을 조금씩 늘려가며 꾸준하게 책 읽기 습관을 만들어나갔으면 한다. 엄마가 마음먹고 준비한 책이라도 아이는 전혀 반응을 보이지 않을 수 있다. 반응이 없거나 영어를 거부한다고 거기서 멈춰서는 안 된다. 아이가 언어 능력을 갖출 수 있는 좋은 시기를 놓치지 않기를 바란다.

성공적인
엄마표 영어를 위한 팁

기다림과 꾸준함

하루아침에 이루어지는 것은 아무것도 없다. 꾸준함이 답이다. 부모들도 오랫동안 영어를 공부하고도 여전히 영어가 힘든 때가 많다. 그런데 유독 어린 자녀들에게는 성급한 마음으로 다그치지 않았는지 되돌아볼 필요가 있다. 아이들은 부모가 생각하는 그 이상으로 잘하고 있는데, 엄마의 조바심이 더해져서 상황을 더 어렵게 만들기도 한다. 아이 실력이 제자리라는 생각에 매번 다그치지 않았는지, 영어책을 읽고 있어도 격려의 말보다는 "내용을 알고 읽는 것 맞니?" "그럼 이거 한번 해석해볼래?" 하면서 아이들의 마음을 불안하게 하지는 않았는지 생각해보자. 책을 읽으면서도 계속 엄마에게 내용을 확인받아야 한다면 책 자체의 감동과 즐거움을 알아가기 힘들다.

마찬가지로 영상을 재미있게 보고 있으면 그것만으로도 충분하다. "지금 주인공이 하는 말 알아듣는 것 맞지?" "무슨 말을 하고 있는지 한번 말해볼래?"라며 확인하지 말자. 우리말이라도 바로 듣고 생각해서 말하기 어렵다. 재미있게 보는 것 자체만으로 격려받고 칭찬받을 일이다. 엄마가 너무 민감하고 불안해한다면, 아이도 편한 마음으로 영어를 접하기 힘들다. 아이가 좋아하는 콘텐츠를 찾아주고, 즐길 수 있는 충분한 시간을 주면 좋겠다. 책을 읽고 영상을 보는 것이 습관이 되면 그 이후에는 사실 엄마가 관여하지 않아도 된다. 믿고 기다리는 여유로운 자세가 무엇보다 필요하다. 꾸준히만 한다면 장기적인 관점에서 아이의 영어 실력은 상승곡선을 그려나간다. 엄마의 믿음이 아이를 성장시킨다.

기본을 다지는 시간

아이가 영어책을 읽거나 영상만 보고 있으면, 이것만으로 영어가 과연 늘지 불안하고 뭔가 부족하다는 생각이 들 수 있다. 외우고 문제 풀고 문장을 쓰면서 공부해야 할 것 같은데 전혀 공부하고 있다고 느껴지지 않는다. 하지만 전혀 공부라고 생각되지 않는 이 시간이 최고의 공부 시간이다. 즐거운 영어 노출을 통해 아이의 영어 실력이 튼튼히 다져지고 있다.

수학을 공부할 때 개념을 알아야 응용문제도 풀 수 있고, 심화 문제도 잘 풀 수 있다. 문제를 놓고 아이 혼자서 생각해보는 시간도 필요하다. 고민하는 시간 없이 해답을 보거나 옆에서 누군가가 알려준다면 혼자서 알아갈 기회는 없어진다. 운동도 마찬가지다. 실전을 배우기 전에 기초 체력 훈련과 자세를 익히는 데 많은 시간과 노력을 쏟는다. 그런데 영어에서는 읽고 들으며 기초를 쌓는 인풋을 소홀히 하는 경우가 많다. 성적이나 시험에 대해 생각하기보다는 즐겁게 몰입할 기회를 가져보도록 한다.

영어라는 말만 들어도 무조건 싫다고 거부하는 아이도 있을 것이다. 학원도 보내고 집에서도 최선을 다했다고 생각하기에 엄마는 속상하기 마련이다. 영어를 어려워하고 거부하는 아이들의 이면을 잘 살펴보자. 쉬운 영어책 한 권이라도 읽어본 적은 있는지, 한글책이라도 독서 습관이 잡혀 있는지, 영어를 공부로만 접근하지 않았는지 등 여러 가지 물음에 근거를 찾다 보면 아이가 영어를 왜 힘들어하고 거부하는지에 대한 답이 나온다. 무엇이든 시작이 있어야 성장도 있다. 때로는 슬럼프가 올 수도 있지만 이겨낼 수 있다. 여기에 꾸준함이 더해지면 실력은 저절로 따라오기 마련이다.

엄마의 영어 실력보다는 실행력이 먼저

아이에게 영어책을 읽어주는데 왜 엄마의 실력을 걱정하는 걸까? 영어 책도 그냥 책이다. 물론 엄마의 실력이 뛰어나거나 유창하면 좋기는 하겠지만, 영어 환경을 만들어주는 것하고는 크게 관련이 없다. 실력보다는 엄마의 마음과 실행력이 먼저다. 엄마가 영어를 잘하지 못하더라도 한두 줄짜리 영어책은 읽어줄 수 있을 것이다. 이것마저 부담스럽다면 오디오 CD를 들으며 함께 영어책을 넘겨 봐도 좋다. 쉬운 영어 비디오를 함께 볼 수도 있을 것이다. 시작도 하기 전에 '아무것도 모르는데 내가 어떻게 영어책을 읽어줄 수 있을까?' '영어책 읽어준다고 뭐가 달라질까?' 하는 의심은 떨쳐버리는 게 좋다. 특별한 사람들만 하는 것이 전혀 아니다. 영어나 언어 전공자가 아니어도 상관없다. 한글책을 읽으면서 영어책 한 권을 더한다는 마음으로 시작해보자.

우리 집도 처음 시작은 영어책 한 권이었고, 나도 아이들 영어책을 읽어주면서 영어의 재미를 알아갔다. 엄마의 영어 실력이 없다는 것이 더 유리한 조건이 될 수도 있다. 모르는 상황에서 아이와 함께 영어를 알아갈 수 있으니 말이다. 엄마가 영어를 잘한다면 오히려 아이의 영어가 답답하게 느껴질 수 있고 조급한 마음이 들 수도 있다. 스스로 영어 실력을 걱정하고 부정적인 면을 들여다보며 고민할 시간에 그냥 책 한 권을 읽어주자. 책을 읽기 시작하면 느린

외고에서 통하는 엄마표 영어의 힘

것 같지만 작은 변화가 일어나는 것을 알 수 있다. 함께 책을 읽는 이 시간이 아이들의 미래가 변하는 계기가 될 수 있음을 기억하자.

아웃풋에 관대해지기

아웃풋(output)의 기준은 사람마다 다르기 마련이다. 영어를 유창하게 술술 말하는 것만이 아웃풋일까? 영어를 잘하는 그 단계까지 가는 과정도 아웃풋의 시작이다. 아이가 영어 노래를 신나게 따라 부르고 있지는 않은가? 영상에 맞추어 춤을 추고 있지는 않은가? 엄마가 책을 읽어주고 있는데 목소리에 맞추어 책장을 넘기고 있지는 않은가? 그림을 보며 자신만의 이야기를 만들어내거나, 문장에서 아는 단어를 크게 말하거나, 엄마의 목소리를 듣고 그림을 가리키며 이런저런 이야기를 나누는 것 모두가 아웃풋을 보이는 것이며, 영어를 재미있게 즐기고 있다는 증거다.

문장을 줄줄 말해야 할 것 같고, 한두 페이지 정도는 거침없이 쓸 줄 알아야 할 것 같을지도 모르겠다. '좀 더 학습적으로 접근해야 하지 않을까.' 하는 조바심도 생길 수 있다. 그러나 조급할 필요가 전혀 없는 시기다. 무르익지 않았음에도 아웃풋만을 바란다면 엄마도 아이도 쉽게 지친다. 처음부터 기대 수준을 높게 생각하지 말고 하루에 책 읽기와 듣기를 꾸준히 하는 데 집중해보기로 하자.

유창하게 술술 말하고 글을 잘 쓰는 것만이 아웃풋은 아니기 때문이다. 아이의 반응을 잘 관찰해보자. 엄마가 책을 읽을 때 귀를 기울여주는 것도, 그림을 보고 관심을 가지는 것도, 즐거운 표정으로 키득키득 웃는 것도 작은 아웃풋이다. 진정한 아웃풋을 위한 준비를 하는 시간이다.

비교는 무의미하다

아이마다 성장도 다르고 받아들이는 학습 능력도 다르다. 무엇이든 빠르게 습득하는 아이도 있고 천천히 받아들이는 아이도 있다. 다른 아이들보다 배우는 속도가 느리고, 실력이 뒤진다고 스트레스를 받을 필요가 없다. 현재 상황을 받아들이고 아이가 좋아하는 것에 관심을 가져보자. 처음부터 끝까지 엄마 주도로 아이를 관리하는 것이 엄마표가 아니다. 계획대로 모든 것이 진행되기도 힘들뿐더러 '엄마표'라는 이름으로 엄마와 아이가 더 힘들어질 수 있다.

영어유치원, 학원 등 기관을 이용하더라도 아이의 수준에 맞게, 아이가 좋아하는 방법으로 영어를 접할 충분한 시간이 필요하다. 우리 아이의 성향이나 이해 수준 등 아이의 특성을 살펴봐야 한다. 기준은 우리 아이지 다른 집 아이가 아니다. 외부의 환경에 너무 민감하게 반응하지 않는, 엄마만의 중심이 필요하다. 어떤 방향으로,

어느 정도의 속도로 가고 있는지를 알기에 비교 자체가 필요없다. 엄마는 아이가 무엇을 좋아하는지 알 수 있고, 아이는 배움을 즐기는 태도를 만들 수 있다. 우리 아이를 바라보는 데 집중하자. 천천히 살피면서 아이가 지닌 장점을 찾으면 무엇이든 시도해볼 기회가 생긴다.

시작하는 용기

엄마표 관련 책들이 넘치도록 많다. 영어는 말할 것도 없다. 모든 분야를 포괄할 정도로 방대하다. 왜 엄마표를 강조하는 책이 이토록 많을까? 아마도 엄마가 가장 가까이서 아이의 성장 속도에 맞추어 필요한 부분을 채워나갈 수 있기 때문일 것이다. 아이들은 제각기 발달 속도나 성향이 다르기에 적합한 눈높이 교육이 필요하다. 이때 엄마가 방향을 정하고 마음만 먹으면 엄마표는 바로 시작할 수 있는 것이다.

'엄마가 할 일이 너무 많지 않을까?' 하는 두려움이 있을 수 있다. 사실은 아무것도 시작하지 않았을 때의 두려움일 뿐이다. 어쩌면 엄마표가 가장 단순하고 쉬운 방법이다. 처음에는 책을 읽어주고 많이 들려주기만 해도 충분하니까. 복잡하다고 부담을 느끼기보다는 우선 책 한 권으로 시작해보자. 기준은 본인이 정하면 된다.

엄마가 아이를 전문적으로 가르치는 과정이 아니기에 누구라도 할 수 있다. 엄마가 모든 것을 알 수도 없고, 더욱이 안다고 잘 가르칠 수 있는 것도 아니다. 책과 영상을 만나는 시간을 만들어주고 지지해주는 것이 엄마의 역할이다. 모르면 아이와 함께 배워간다는 마음을 가지고 시작해도 좋다. 다른 사람의 방법을 참고는 하되 우리 아이에게 맞는 방법을 찾아 적용해나가자. 우리 아이만의 맞춤 영어 교육법, 놀이법을 만들어가는 것이다. 할 수 있다는 마음과 용기만 있으면 된다. 일단 시작해보자.

아이와의 좋은 관계가 먼저

아이와 언제나 좋은 관계일 수는 없다. 아이는 부모 마음대로 통제해서도 안 되고 통제할 수도 없는 하나의 인격체니까. 하지만 그렇다고 뭐든 아이 뜻대로 해줄 수도 없는 일이다. 그게 아니더라도 쌓인 일에 치여 아이에게 어쩔 수 없이 잘 못해주게 될 때도 있다. 잠든 아이의 얼굴을 보면서 미안해하지 않는 부모는 거의 없을 것이다.

나 역시 육아에 지쳐 아이가 빨리 잠들기만을 바랄 때가 있었다. 큰아이는 유독 잠이 없어서 밤낮으로 여유를 가질 만한 시간이 거의 없었다. 간신히 잠을 재워도 조금 뒤 바로 깨어나는 바람에 밤마다 애를 재우느라고 너무 힘들었다. 낮에 아이에게 짜증을 내거나 화를 낸 날은 마음까지 아파와 더욱 힘들었다. 눈을 뜨고 아이가 잠들기까지 반복되는 일상에서 몸과 마음이 지쳐갔다. 다행히 시간이 흐르면서 자연스레 그 상황에서는 벗어날 수 있었다. 그러나 정말 힘들 때면 육아서를 자주 펼쳐 보며 마음을 정리하고, 아이를 어떻게 키워나가야 하는지 참고했다. 엄마 노릇 하기가 쉽지 않지만 좋은 부모가 되고 싶었다. 엄마도 불완전한 존재이기에 배우는 자세가 필요하다.

아이와의 힘겨운 기싸움에서 아이를 일방적으로 누르려고 하면 그 순간은 진정될 수 있지만 오래가지는 못한다. 부모가 자신의 감정을 억누르기 힘들 때도 있지만 잠시 크게 호흡을 한번 해보자. 지금 사춘기를 겪고 있는 아이를 둔 부모님도 있을 테고, 영어를 공부시키다 이미 한번 좌절을 맛보신 부모님들도 있을 것이다. 마음을 닫아둔 채로 부모가 이끌어가려고만 하면 아이는 지칠 수밖에 없다. 아이와의 신뢰감을 쌓는 것이 먼저다.

영어도 교육도 아이와의 관계가 좋지 못하면 꾸준히 진행할 수 없다. 부모의 힘으로 아이를 끌고 가는 것은 곧 한계에 다다르게 된다. 아이를 존중하고 믿음을 가지고 바라보는 마음이 필요하다. 부모의 신뢰를 받은 아이는 자신을 사랑하고 무엇이든 스스로 하는 힘을 키워나간다. 부모 자식 간의 단단한 사랑과 신뢰는 아이의 자존감이 높아지는 비결이다. 아이와의 좋은 관계가 유지된다면 엄마표 영어는 날개를 단 것이나 마찬가지다. 길을 걷는 나그네의 외투를 벗게 하는 것은 강한 바람이 아닌 뜨거운 햇살이라는 것을 기억하자.

외고에서 통하는 엄마표 영어의 힘

영어책과 영상, 느리지만 가장 효과적인 방법

엄마표 영어는 전체 기간을 생각하면 아주 느린 방법 같다. 하지만 실은 가장 빠르고 효과적인 방법이다. 영어는 장거리 마라톤과 비슷하다. 페이스를 고려하지 않고 초기에 전력으로 질주하면 금방 지친다. 목적지에 빨리 다다르고 싶은 마음은 간절하지만 한걸음에 원하는 목표에 다다를 수는 없다. 각자에게 맞는 방법으로 아이가 꾸준히 할 수 있도록 관심을 가져야 한다. 어렵게 한걸음을 내딛는 아이에게 100m를 전력 질주하라고 할 수 없다. 아이가 가는 속도에 맞추면 아이가 보인다. 좋아하는 방법으로 매일 꾸준하게 하는 것이 최선이다.

부모가 방향을 잃고 고민하는 순간, 아이들의 귀중한 시간은 그냥 흘러가버릴지도 모른다. 이웃 엄마들이 전해주는 이야기에 그동안 지켜온 중심을 잃고 흔들거리는 순간도 있겠지만, 우리 아이에게 맞는 방법이 가장 좋은 것이다. 영어책의 중요성도 많이 들었고, 충분한 듣기의 중요성도 알지만, 너무 오래 걸릴 것 같고 불안한 마음에 실행이 쉽지 않다. 하지만 무엇을 해도 불안한 마음은 사라지지 않을 것이다. 선택하지 않은 길에 대한 미련이 남기 때문이다. 그러니 엄마부터 중심을 잘 잡아야 한다.

나도 처음부터 큰 욕심을 가지고 시작했다면 중간에 그만두었을지도 모른다. 하지만 소소하게 시작해서 하나씩 알아가는 과정이 즐거웠다. 내가 책을 읽어줄 때 아이들이 조금이라도 관심을 가져주고 귀 기울여주는 것만으로도 다행이라고 생각했다. 즐거운 과정을 경험하고 있는 걸로 충분하다고 느꼈다.

영어가 자연스러운 환경

도대체 자연스럽다는 것은 어떤 것일까? '자연스럽다'는 '힘들이거나 애쓰지 아니하고 저절로 된 듯하다.'라는 뜻이다. 즉 자연스러운 환경이 된다는 것은 일상의 한 부분이 된다는 말이다. 책을 읽거나 소리를 듣는 충분한 인풋은 언어를 습득하는 중요한 과정 중 하나다. 이러한 인풋이 자연스럽게 일상이 되면 아이들의 영어 실력은 저절로 성장한다고 해도 과언이 아니다.

앤절라 더크워스(Angela Duckworth)의 저서 『그릿(Grit)』에 나오는 인용구에서는, 아이들도 식물처럼 적절한 양분과 물을 주면 아름답고 강하게 성장한다고 했다. 중요한 것은 적절한 환경, 잘 자랄 수 있는 토양을 조성해주는 것이다. 아이들은 자기 미래를 꽃 피울 씨앗을 내면에 지니고 있기 때문이다. 어떤 것보다 강하게 마음에 와닿는 글귀였다. 영어책과 영상을 통해 자연스럽게 영어를 만나게 해주는 것이 바로 엄마표 영어의 적절한 토양이다. 그 토양만 잘 다져진다면 어느새 즐겁게 영어를 접하며 아름답게 열매를 맺는 아이들을 만날 수 있을 것이다.

꾸준히 배우는 즐거움을 알아가는 과정

우리 아이들은 그림책으로 영어를 시작해 리더스북, 챕터북을 거쳐 소설을 자유롭게 읽기까지 거의 10년이 걸렸다. 이 기간은 읽기와 듣기의 바탕 위에 영어의 기본을 쌓고, 아이들이 주도적으로 공부하는 습관을 만든 소중한 시간이었다. 당장 눈앞에 보이는 결과만을 바란다면 너무 오랜 기간이 걸린다고 느껴질 수 있다. 10년이라는 숫자만 보고서 '굳이 오랫동안 영어에 시간을 투자할 필요가 있을까? 늦게 시작해도 빨리 원하는 수준까지 갈 수 있을 텐데.'라고 생각하는 사람도 있을 것이다. 그럴 수도 있다. 늦게 시작해도 단기간에 영어 실력이 금방 좋아지는 아이들도 있다. 하지만 기간에 대한 비교는 무의미하다고 생각한다. 아이마다 다른 속도를 인정하고 아이에게 맞는 방법으로 진행하면 되는 것이다.

10년이 지났다고 '이제 영어는 끝'이 아니다. 인생 전체를 놓고 볼 때 10년은 결코 긴 기간도 아닐뿐더러 언어는 지속적으로 배워야 한다. 다행인 것은 이제 일상에서 영어책과 영상물을 보면서 즐겁고 편안하게 생활할 수 있을 정도로 듣는 귀도 열리고 말과 글도 연결되었다는 점이다.

잠깐 달리 생각해보자. 태어나서 초등 3학년까지가 10년, 초등 3학년부터 중·고등학교까지가 거의 10년이다. 영어의 기본이 튼튼하지 않은 상태에서, 초등 고학년부터 영어 내신과 수능을 준비하려고 쏟아붓는 시간과 돈과 노력을 생각해보자. 언어를 자연스럽게 습득할 수 있는 유아~초등 시기와 비교해 어느 시기에 집중해야 더 효율적일지는 각자가 판단할 문제다.

- **그림책**: 1~3세
- **그림책, 리더스북**: 3~6세
- **그림책, 리더스북, 챕터북**: 6~9세
- **리더스북, 챕터북, 소설**: 10세~

외고에서 통하는 엄마표 영어의 힘

위 내용은 연령별 수준이 궁금할 수 있으므로 그림책을 대략적인 단계로 나누어본 것이다.

글로 표현해야 하니 '단계'라는 단어를 사용하지만, 오히려 그 단계의 함정에서야말로 벗어나야 한다. "언제부터 언제까지는 반드시 이런 종류의 책과 영상을 봐야 해." 이렇게 정해진 것은 아무것도 없다. 다른 사람들이 만들어놓은 기준으로 아이를 판단할 필요가 전혀 없다는 말이다. 아이가 좋아하는 것을 즐기다 보면 다음 수준으로 자연스럽게 진입하게 된다. 나이로 표시해두니 조심스럽기는 하다. "이제는 챕터북만 봐야 하는 시기구나."가 아니라 챕터북을 읽으면서 그림책과 리더스북 읽기도 함께 계속되는 것이다.

혹여 "우리 아이는 일찍 시작하지 하지 않아서 이미 늦었네." 이런 생각은 하지 않았으면 한다. 또한 "태어나자마자 영어라니 너무 심하지 않아?"라고 오해하지도 않기를 바란다. 한글책을 읽어줄 때 한두 줄짜리 짧은 영어 그림책을 같이 읽어주고 영어 노래를 들려준 정도다. 빠르게 원하는 수준에 갈 수도 있지만, 기초가 탄탄하지 않으면 쉽게 주저앉을 수도 있다.

이 시간은 영어만을 배운 시간이 아니다. 좋은 습관을 몸에 익히고 배움의 즐거움을 한껏 경험하게 한 시간이다. 이 10여 년의 시간이 아이들에게 무한한 성장 가능성과 기회를 열어주었고, 영어로 자유롭게 말하고 글까지 쓸 수 있는 기초를 만들어주었다. 가랑비에 옷이 젖듯이 꾸준히, 때로는 온전히 집중하며 지나온 시간이다.

여기서 집중했다는 것은 아이가 좋아하는 것에 몰입했다는 것을 의미한다.

아이를 믿고 기다려주는 시간

최희수, 신영일의 『푸름이 이렇게 영재로 키웠다』를 보면 유아기에 부모가 어떤 자극과 환경을 만들어주느냐에 따라 아이들의 능력이 좌우된다고 한다. 유아기에는 두뇌 발달에 집중해야 하는데, 오히려 대개의 부모는 중·고등학교 때 집중적인 투자를 한다고 했다. 아이들에게는 적절한 시기에 언어적 자극뿐만 아니라 두뇌 자극을 줄 필요가 있다. 그런 면에서 유아기와 초등기는 시험이라는 부담에서 벗어나 다양한 배움의 기회를 열어주는 시기다.

기초가 없는 상태에서 시험과 입시의 관점으로만 영어에 접근하면 영어는 늘 어려움의 대상이 될 수밖에 없다. 듣고 읽기가 자유로워지기까지 언어적 자극을 주기 위해 노력해야 한다. 우리는 두 아이 모두 초등학생 정도 되니 영어를 듣고 읽는 것이 편해졌음을 알 수 있었다. 원하는 책을 읽고, 미국 드라마나 영국 드라마를 자막 없이 보는 수준이 되었다. 일상적인 영어 환경이 공부하기에도 좋은 습관을 만들어주었다.

유아기부터 적어도 초등기까지 아이의 역량을 끌어낼 수 있는

언어 자극과 다양한 경험을 만들어주자. 좋은 학업 태도를 들이면
중·고등학교 때 부모가 관여하지 않아도 아이들은 스스로 할 일을
찾아나가게 된다. 유아와 초등 시기는 넓은 의미에서 가능성을 찾
아나가는 시기이기도 하다. 지금 눈에 보이는 결과보다는 아이의
성장 과정을 지켜봐주어야 한다.

영어와 공부의 본질은
기초 체력을 만드는 것

지금 아이들이 공부하는 환경은 부모들이 공부하던 환경에 비해 혁신적으로 달라졌다. 현재는 스마트 기기 사용이 일상화되었다. 어린아이들은 부모님이 사용하는 스마트폰에 일찍 눈을 뜬다. 이미 편리함을 알아버린 아이들에게 스마트폰 사용을 자제하라고 하는 것은 현실적으로 매우 힘들어졌다. 다만 너무 일찍부터 스마트폰에 무분별하게 노출되지 않도록 하는 부모의 지혜가 필요하다.

인공지능을 탑재한 많은 제품이 생활 곳곳에 있다. 때로는 이것이 공부하는 환경에 저해 요소가 되기도 하고, 한편으로는 시공간 제약 없이 스마트한 공부 환경을 마련해주기도 한다. 온라인 강의가 보편화되고 학습 및 생활 환경이 바뀌면서 이후에 다가올 변화

외고에서 통하는 엄마표 영어의 힘

에 대비해야 하는 것이 현실이다. 하지만 아무리 디지털 세상으로 환경이 바뀌어도 스스로 사고하고, 주도적으로 필요한 공부를 찾아서 하는 역량은 오히려 더욱 중요시되는 추세다.

어떤 환경에서든 중요한 것은 기초 실력이다

외적인 환경은 그 어느 시대보다 지금이 상상할 수 없을 만큼 빠르게 변화 중이다. 그러나 외부 환경이 변한다고 공부의 본질까지 변하는 것은 아니다. 어느 시대라도 공부 자체가 쉬운 세대는 없었다. 배움에는 시간과 노력이 절대적으로 필요하다.

박웅현의 『여덟 단어』에서는 공부의 본질이란 자신을 풍요롭게 만들고, 사회에 나가서 경쟁력이 될 실력을 만드는 것이라고 했다. 기준점을 바깥에 두는 것이 아니라, 자신 안에 본질적인 것을 쌓아가는 것이라고 말이다. 해야 할 일은 많고 경쟁은 어디서나 늘 존재하기 마련이다.

영어도 그동안 투자한 시간이나 노력이 있기에 어느 정도 아웃풋을 기대하지만, 그에 미치지 못하면 실망하고 불안하기도 하다. 필요에 의해 학원 등을 이용하더라도 영어의 기본을 채워주는 시간은 반드시 있어야 한다. 적어도 초등기까지는 매일 듣고 읽고, 영상을 보는 충분한 시간이 필요하다. 방향을 정했다면 끝까지 해보는 것이 중요하다. 이는 장기전의 기초 체력을 만들어가는 과정이 된다.

2002년 월드컵 4강 신화를 만들어냈던 히딩크 감독의 말을 떠올려보자. 당시 대부분의 언론에서 우리나라 선수들은 '기초 체력은 풍부한데 기술적인 면만 더 보강하면 된다'고 했다. 하지만 히딩크 감독이 부임 후 내린 결론은 기술적인 훈련보다 기초 체력이 중요하다는 것이었다. 완전히 다른 시각에서의 접근이었다. 전·후반을 충분히 소화해낼 정도의 체력이 없다면 어떤 기술도 전략도 소용없다는 것이었다.

기본을 충분히 다졌다는 것은 영어 실력의 상승 가능성이 있음을 의미한다. 레벨보다는 아이 본연의 실력을 키우는 데 집중해보자. 초등기까지는 영어를 단단히 뿌리내리는 과정이 되어야 한다. 이때 만들어놓은 기초 체력으로 중·고등 내신과 수능, 사회에서 필요로 하는 어떠한 형태의 영어에서도 당당하게 자신의 실력을 드러낼 수 있다.

영어책과 영상으로 말하기와 쓰기까지

"이렇게 해서 읽기와 듣기는 된다고 쳐도 말하기와 쓰기까지 가능할까?" 단어, 문법, 심지어 회화까지 모든 것을 따로 공부한 부모 세대로서는 쉽게 이해되지 않는다. 공항에서, 호텔에서, 처음 만나 인사할 때 등 상황별·패턴별 표현을 거의 한 번쯤은 접해본 경험이 있을 것이다. 단 몇 문장으로 표현되어 있는 상황별 예문이 끝나면 더 이상 대화를 전개하기가 어렵다는 것이 문제다. 문장을 외웠다 하더라도 실전에서 똑같은 순서대로 대화가 진행되는 것은 더더욱 아니다. 단편적인 대화만 가능해질 뿐 영어 실력 향상과는 거리가 멀어 보인다.

하지만 영어책을 읽고 영상을 즐겁게 시청했던 아이들은 상황에 맞는 표현이 가능하다. 말하기와 쓰기는 자신이 가진 생각이나 주제에 대해 논리적으로 정리하고 표현하는 수단이다. 아이들은 그동안 습득한 다양한 문장들을 자유자재로 영어로 쓰고 말할 수 있다. 영어 그림책, 리더스북, 챕터북과 소설에 이르기까지 책에 말하기와 쓰기의 모든 재료가 들어 있었다.

다음은 뉴베리 수상작인 『Holes(구덩이)』의 저자 루이스 새커(Louis Sachar)의 『Sideways Stories From Wayside School(웨이사이드 스쿨)』의 일부다.

"If you children are bad," she warned, "or if you answer a problem wrong, I'll wiggle my ears, stick out my tongue, and turn you into apples!"

("만약 너희가 말을 듣지 않거나, 질문에 잘못 대답한다면, 나는 귀를 꼼지

락꼼지락 움직이고, 혀를 내민 다음에 너희를 사과로 만들어버릴 거야!"라고 그녀는 경고했습니다.)

이 책은 한 층에 교실 하나씩 30층으로 이루어진 학교에서 일어나는 일을 코믹하고 기발한 상상력으로 그려냈다. 예상치 못한 문장은 아이가 깔깔거리며 책을 읽게 해주었다. 그리고 책에서 좋아하는 내용을 자연스럽게 말하게 되었다.

그동안 꾸준히 영어를 접해온 아이들은 단순히 몇 마디를 외워야 말할 수 있는 게 아니다. 원서와 영상에서 접했던 수많은 문장이 습득되고 내재화된 결과로 자신이 하고 싶은 말을 다양한 어휘를 사용해 자연스러운 문장으로 말하는 것이다.

하루 영어 3시간은 과연 필요한가

영어 노출의 중요성을 강조하는 '하루 3시간을 확보하라'는 말을 한 번쯤은 들어보았을 것이다. 절대적인 노출 시간의 중요성을 의미하는 말로, 물론 그렇게 할 수 있다면 가장 좋다. 하지만 그 시간이 부담스러워 시작조차 하지 않는다면 너무 안타까운 일이다. 원하는 일을 성취하고 한 분야의 전문가가 되는 데 필요한 최소한의 시간이 1만 시간이라고 한다. 하루 3시간이 1년이면 1,095시간이 되고, 10년이면 1만 950시간이 된다. 영어 노출 하루 3시간은 그냥 흘러 지나가는 시간이 될 수도 있지만, 질적 변화를 가져올 수 있는 시간이 되기도 한다. 시간을 너무 의식하지 말고 아이가 할 수 있는 시간만큼이라도 확보해서 루틴을 만들어나가보자. 3시간이라는 숫자보다는 상황에 맞게 시작하는 것이 더 중요하다.

그런데 신기하게도 하루 3시간이라는 숫자에 크게 신경 쓰지 않아도, 하다 보면 그 이상이 저절로 채워지게 된다. 책을 읽거나 영상을 보다 보면 어느새 노출 시간은 확보된다. 꼭 앉아서 책을 읽는 것만을 의미하지는 않는다. 흘려 듣는 영어책 소리도, 영상을 보는 시간도 모두 해당한다. 잠에서 깨어나면서 영어 소리 듣기, 오후에 영상을 보거나 책을 읽는 시간, 마지막 잠자리에 들면서 엄마가 읽어주는 책 읽기 시간까지 더해보자. 자연스레 원하는 시간 이상의 노출 시간이 채워진다. 오늘 하루 영어책을 많이 읽고 멈추었다가 시간이 한참 흐른 뒤에 어쩌다 책 한 권을 읽는다면 진정한 실력이 쌓일 수 없다는 사실을 명심하자.

영어유치원과 일반유치원, 선택은?

유치원을 선택해야 하는 시기가 오면 부모의 마음은 바빠지기 마련이다. 주변의 친구들이 하나둘 영어유치원을 알아보기도 하고, 최종 선택을 하기까지 쉽사리 결론이 나지 않는다. 유치원을 선택할 무렵 큰아이는 그림책과 글밥이 꽤 되는 리더스북을 자유롭게 읽고 있을 때였다. 나에게 "영어책을 읽더라도 그것만으론 부족할 것이다." "영어는 책이나 DVD를 보는 것만으로는 한계가 있다."라며 다른 방법을 찾아볼 것을 권유하는 분도 계셨다.

아이의 영어를 위해 부모들은 다양한 방법을 선택한다. 교육에 대한 가치관과 기준이 모두 다르기에 무엇을 선택하든 옳고 그름의 문제는 아니다. 영어유치원에 더 가치를 부여하면 그쪽을 선택해도 된다. 경제적 상황도 고려하고, 아이에게 좋은 영향을 미칠 수 있는 곳으로 정하면 된다. 다만 어느 유치원을 선택하든 지속적인 영어 노출은 필요하다. 그러니 영어유치원을 보내지 않아서 "우리 아이가 영어를 못하진 않을까?" 하는 고민은 하지 않았으면 한다. 시간은 제한적이고 만족할 만한 수준으로 모든 것을 해결해주는 곳은 존재하지 않기 때문이다.

영어유치원이든 일반유치원이든 영어와 교육에 대한 기본적인 생각과 방향을 정하는 것이 먼저다. 우리 두 아이 모두 영어유치원 대신 책과 영상을 통해 즐겁게 익히는 영어를 유지했다. 실력을 키우는 것은 유치원이 아니라, 어떤 방법으로 꾸준히 영어를 하느냐가 더 중요하다. 즐겁고 재미있어야 꾸준히 할 수 있다. 이야기가 있는 책과 영상은 영어의 재미를 느끼면서도 가장 탄탄하게 실력을 쌓아가는 방법이다. 선택하지 않은 곳에 미련을 갖기보다는 아이를 위해 선택한 곳이 최선이라 생각하고, 생생하게 살아 있는 영어 콘텐츠를 만날 수 있도록 영어 노출을 지속해나가자. 언젠가는 분명 그 결실을 맺는 때가 온다.

2장

영어책 읽어주기부터
스스로 읽기까지

엄마가 영어책을
소리 내어 읽어주기

아이가 책을 처음 만난 것은 엄마가 책을 읽어주면서부터였다. 한 글책을 읽어주는 과정을 떠올려보자. 부모는 아이가 글을 알기 전부터 한글책을 읽어주었을 것이다. 말을 알아듣지 못하는 시기에도 아이는 부모의 목소리를 들으면서 소리에 익숙해지게 되었을 것이다. 영어책을 읽어주는 것은 바로 모국어를 알아가는 과정과 비슷하다. 처음 영어책을 읽어줄 때가 생각난다. 영어책을 읽어주려고 할 때마다 입 밖으로 한 단어도 소리 내기가 힘들었다. 스스로 그렇게 어색할 수가 없었다. 누가 보는 것도 아닌데 입에서 처음 영어를 말하기까지 많이 망설여졌다. 한 번도 영어를 제대로 표현해본 적이 없는데 아이를 위해 책을 읽는다니. 그런 내 모습이 상상되지 않았다. 아마 비슷한 경험이 있는 부모님들이 계실 것이다. 입속에서 말이 맴돌기만 할 뿐, 첫 단어를 말하기까지 많이 망설여질 수도 있다. 그 순간만 한번 참고 이겨내보자. 처음이 힘들지 곧 익숙하게 영어로 책을 읽어주는 자신의 모습을 보게 될 것이다. 아이를 위해 시작했는데 어느 순간 알게 되었다. 책을 소리 내어 읽는 것이 내게도 나름 재미있다는 것을!

듣는 힘을 키워주는 시간

책을 읽어주는 것은 아이들에게 또 다른 세계를 경험하게 하는 일이다. 책을 함께 보며 아이들은 엄마의 입을 통해 나오는 소리에 익숙해지고 책에도 관심을 기울인다. 이는 자연스레 엄마가 말하는 것을 듣고, 책을 넘겨보고, 이야기를 나누는 형태로 확장된다. 아이들은 엄마가 말하는 문장, 숨소리, 숨을 고르고 다음 문장으로 넘어가는 모든 세세한 과정에 귀를 활짝 열어놓고 있다. 따라서 계속해서 책을 읽어주다 보면 아이는 어느새 영어를 쉽게 알아들을수 있는 귀를 갖는다. 소리를 듣고 이미지를 보면서 영어책을 친숙하게 받아들인다. 듣기를 통해 집중하고 사고하는 힘을 동시에 얻는다. 귀 기울여 듣고 생각하면서 언어 능력은 그렇게 자연스레 길러진다. 다만 이 과정에서 중요한 것은 책을 읽어주는 부모가 먼저 즐거운 마음으로 읽어야 한다는 것이다. 아이들은 부모의 모습을 보면서 책을 읽는 시간을 자연스럽게 인지한다. 엄마의 목소리나 행동을 유심히 보면서 아이도 관심을 기울인다. 부모가 먼저 즐겁지 않고 흥미롭지 않은 채 아이들에게 책을 읽어줄 때 아이들은 그것을 곧바로 알아차린다. 그러니 부모인 나부터 이 시간을 재미있게 즐겨본다면 책을 읽으며 아이는 그림을 가리키는 등 자신만의 의사 표현 수단으로 서서히 반응할 것이다. 엄마가 읽어주는 책을 통해 다른 세계를 알아가는 과정이다.

정서적인 안정감을 느낀다

엄마의 목소리를 들으며 책을 읽는 시간은 엄마와의 유대감을 형성하는 시간이고, 사랑을 느끼는 시간이다. 같은 공간에서 엄마와 함께 있는 것 자체만으로 아이들은 정서적인 안정감을 느낀다. 그림책을 읽어주는 것이 단순히 글을 읽어주는 게 아닌 그 이상의 의미를 지니는 것이다. 책을 읽어준다고 하면 대부분은 아직 문자를 인지하지 못하는 아이만이 대상이라고 생각할 수도 있다. 하지만 읽기 독립을 한 아이들 역시 엄마가 책을 읽어주면 좋다.

나는 아이들이 초등 고학년일 때까지 잠들 시간에 책을 계속 읽어주었다. 반드시 긴 시간이 아니어도 좋다. 고학년이 되었을 때도 지속한 이유는 아이들이 이 시간을 기다리기도 했고, 나 역시 아이들과 함께 이야기 나누는 시간이 좋아서이기도 했다. 시간이 없을 때는 아주 짧은 시간이어도 괜찮다. 바쁘다고 건너뛰는 것보다 짧은 시간이라도 아이와 함께한다는 생각을 해보자. 책 읽어주기는 그림책을 통해 아이들과 같은 곳을 바라봐주는 것이다. 어린아이라 할지라도 책의 그림과 문장을 통해 어른과 다름없이 느낌과 감정을 공유할 수 있다. 읽기 독립은 의식하지 않아도 저절로 따라오게 된다.

마쓰이 다다시의 『어린이 그림책의 세계』에서는 어른이 아이에게 그림책을 읽어줄 때 그 언어가 다름 아닌 마음에 남는다고 표현하고 있다. 그림을 상상하고 단어와 문장을 접하고, 자연스럽게 말과 글을 배워가는 과정 자체가 아이의 마음에 언어를 씨앗처럼 심는 일이란 것이다. 이처럼 엄마와 함께하는 그림책 읽기는 마음을 열어 엄마의 사랑을 느끼고 즐거움을 알아가는 시간으로, 지식을 알게 하는 그 이상의 가치가 있다. 아이들이 책을 혼자 읽을 수 있어도 엄마가 계속 책을 읽어주어도 좋은 이유다. 스스로 책을 읽는 시간을 갖는 것은 별개의 과정인 것이다. 이 시간은 부모와의 추억은 물론 다양한 정보와 지식을 받아들이는 통로가 된다. 가장 중요한 것은 책을 함께 읽으면서 신체 접촉을 통해 아이와 부모 모두 정서적으로도 안정되고 친밀한 관계가 형성된다는 점이다. 그림책을 읽어주는 시간은 단언하건대 아이와 함께하는 최고의 시간이다. 마음껏 이 시간을 누려보자.

외고에서 통하는 엄마표 영어의 힘

재미있는 책을 만나는 시간

책을 처음부터 좋아하고 줄줄 읽는 아이들은 없다. 문자를 유창하게 읽어도 의미를 모두 이해하는 것은 아닐 수 있다. 책이 주는 감정을 느끼고 내용을 이해하는 그 시작은 엄마가 읽어주는 책에서 피어난다. 엄마는 아이가 책을 읽고 좋아하기까지 책과 친해질 수 있는 계기를 만들어주는 것이다. 아이가 혼자서 책에 흥미를 느끼고 책을 펼쳐 읽기까지 엄마의 역할이 필요한 이유다.

엄마의 목소리를 통해 아이는 즐거운 세계를 경험한다. 그림이나 문자를 보면서 상상도 하고, 주인공이 되어보기도 하고, 그림을 보며 이야기의 흐름을 따라가기도 한다. 시선을 한곳에 둔 채 한참을 그림만 보기도 한다. 책의 이곳저곳을 들여다보면서 엄마의 눈에는 보이지 않던 자그마한 그림을 발견하기도 하고, 그렇게 발견한 그림을 천천히 들여다보며 손가락으로 가리키거나 말을 꺼내기도 한다. 또 엄마의 목소리에만 집중해 줄거리를 이해하며 다음 내용을 궁금해하기도 한다. 아이들의 시선에서 영어책을 이해하는 과정이다. 이 과정에서 엄마는 아이의 관심을 알아가며 아이의 속도에 맞추어 읽어나가면 된다. 책을 통해 마음껏 상상하게 하라. 책이 주는 재미를 느끼게 하라.

엄마의 변화가 시작되다

아이들에게 영어책을 읽어주는 것은 낯설기는 했지만 행복한 경험이었다. 나는 아이들에게 한두 줄짜리 영어 동화책을 읽어주면서 점점 영어의 재미를 알아갔다. 영어의 운율과 리듬이 좋았다. 오디오를 통해 흘러나오는 배경음악과 챈트에 어깨를 들썩여보기도 했다. 소리를 듣고 노래만 불렀는데 문장이 익숙해지기 시작한다. 한 줄짜리 영어 문장이 아주 쉽게 외워진다. 오디오로 충분히 들었던 것이 엄마의 책 읽기에도 도움이 된 것이다. "아이들 영어 동화책이 이렇게 재미있는 거였나?" 겨우 한 줄짜리 동화책인데 나도 모르게 빠져들게 되었다.

우연히 들은 노랫소리가 계속 기억에 남아 흥얼거린 기억이 누구나 있을 것이다. 나 역시 아침에 들었던 영어 소리가 온종일 귓가에서 맴돌았던 경험이 많다. 예를 들어 〈The Bear Went Over The Mountain〉을 듣고는 곰이 움직이는 길을 상상하며 노래를 흥얼거리곤 했다. 반복으로 이루어진 문장과 음악이 아주 재미있었다. 그렇게 아이에게 읽어주려고 산 동화책의 한 문장을 간신히 입 밖으로 소리 내보고 나니 한 번도 영어를 말해본 적이 없었던 내가 어느 순간부터 입을 움직이고 있었다. 그것도 영어를.

엄마의 영어책 읽어주기는 아이가 성장하는 순간을 함께한 시간이자 엄마를 키워준 시간이었다. 의무감에 펼쳐 보았던 단어집이

외고에서 통하는 엄마표 영어의 힘

나 독해책을 공부할 때의 그런 느낌이 아니었다. 영어 그림책의 존재도 몰랐던 내가 아이를 낳고 그림책에 관심을 갖게 된 것이다. 그림책에 있는 단순한 그림에 동심으로 돌아가기도 하고, 로버트 먼치(Robert Munsch)의 『Love You Forever(언제까지나 너를 사랑해)』를 읽으며 무한한 부모의 사랑을 느끼며 마음이 뜨거워지기도 했다.

엄마가 영어를 잘해야 한다는 두려움은 내려놓아도 좋다. 아이와 같은 수준에서 시작하면 된다. 아이와 함께 배우며 길을 만들어 나가는 과정이라고 생각하자. 발음을 걱정하거나 영어를 못한다는 마음은 접어두고 일단 시작해보자. 엄마도 아이도 책 읽기를 즐기는 순간이 올 것이다. 아이를 위해 책을 읽었다고 생각했는데, 아이를 통해 엄마가 성장하고 있었다는 것을 깨닫게 될 것이다. 두 번 다시 오지 않을 매우 소중한 시간이다.

베드타임 스토리 들려주기

베드타임 스토리는 말 그대로 잠자리에 들기 전에 부모가 아이에게 들려주는 재미있는 이야기다. 이 시간은 아이들이 영어를 편안하게 받아들이도록 도움을 준 최고의 시간이었다. 대단히 많은 책을 읽어서가 아니라, 아이들과 꾸준히 추억을 함께 쌓았기 때문이다. 처음에는 아이를 빨리 재우고 혼자 쉬고 싶은 마음도 컸다. 하지만 "잠자러 갈 시간이야."라고 하면 책을 가득 뽑아 들고 오는 아이를 보며 생각을 바꾸었다. 아이가 좋아한다면 이 시간만큼은 조금이라도 더 읽어주어야겠다고 생각했다.

그림책이나 리더스북부터 챕터북 등 어떤 책이든 상관없이 아이가 현재 읽고 있는 책 위주로 읽어주었다. 엄마가 읽어주기도 하

외고에서 통하는 엄마표 영어의 힘

고 그림을 보면서 이야기 나누기도 하면서 자유롭게 읽어주기를 지속했다. 책을 읽다가 엄마인 내가 먼저 지쳐 쓰러진 적도 많다. 너무 졸려서 눈도 못 뜨겠으면 아이에게 읽어달라고 해도 좋다. 아이의 책 읽기가 유창하지 않더라도 괜찮다. 그림으로 이야기를 만들거나 단어를 이어가기도 하고, 들은 것을 바탕으로 문장을 읽어나가기도 한다. 때로는 책에 있는 문장이 아니라 자신이 생각한 문장으로 표현할 때도 있다. 아이는 엄마가 생각했던 것 기대 이상으로 아이의 방식대로 개성 있게 책을 읽어준다. 책에 쓰인 문장 그대로가 아니어도 아이는 자유롭게 스토리의 세계를 즐긴다. 나름대로 그림에 의미도 부여하고 글을 읽고 자신이 느낀 문장의 뉘앙스와 활자의 악센트를 자유롭게 표현하는 것이다.

반복의 즐거움이 있는 시간

아이는 주로 재미있거나 익숙한 책 위주로 책을 뽑아오곤 했다. 엄마가 책을 가져오는 경우라면, 아이가 읽고 싶어 하는 책을 골라도 좋고, 엄마가 읽어주고 싶은 책을 선택해도 괜찮다. 때때로 재미있는 책을 읽고 있으면, 잠이 깨거나 읽을수록 눈을 반짝거리는 경우도 자주 생긴다. 잠자려고 책을 읽었는데 읽다 보면 도무지 잠을 자려고 하지 않고, 점점 책에 빠져들기도 한다.

어릴 때는 읽는 책이 반복되는 경우가 많은데, 어른에게는 똑같은 책이어도 아이에게는 매번 조금씩 다른 느낌이 들 수 있다. 읽을 때마다 새로운 것을 발견하는 기쁨도 있고, 익숙하고 재미있으니까 반복해서 보려고 하는 것이다. 어른도 책을 읽다 마음에 남는 문구가 있으면 저장해두고 반복해서 읽는 것처럼, 아이도 읽었던 책을 반복해서 읽는 경우도 많다. 같은 책을 계속 읽기 원한다면 그 책을 읽어주어도 좋다. "늘 읽던 책만 읽어서 고민이다."라고 하는 사람도 있지만, 걱정할 일이 아니라 오히려 고마워해야 할 일이다. 관심이 있고 재미를 느낀다는 증거다. 아이들에게 책의 세계가 흥미롭다는 것, 그것만으로도 충분하다.

상상하고 즐기는 시간

그림책은 글보다 그림을 위주로 보는 재미가 크다. 나는 초기에 주로 보드북이나 페이퍼북 위주의 그림책을 많이 읽어주었다. 책장을 넘길 때마다 그림을 보며 아이와 마음껏 상상하는 즐거운 시간을 보냈다. 그림책이 주는 따뜻함과 색채, 그리고 그 그림들이 내용과 만나 전하는 특별한 감동이 있다. 그림은 해석이 필요 없을 정도로 아이 수준에 맞게 의미 전달을 충분히 해준다.

에릭 칼(Eric Carle)의 『Papa, please get the moon for me(아빠,

달님을 따 주세요)』는 아이들이 어
릴 때 밤마다 환호하며 읽던 책 중
하나다. 달과 놀고 싶어 하는 딸의
이야기를 듣고 아빠가 달을 가져
오기 위해 긴 사다리를 오르는 장
면이 있다. 아이도 항상 이 부분에
서는 침대 헤드를 잡고 똑같이 사
다리를 타며 위로 올라가는 흉내
를 냈다. 달이 변화하는 모습을 재
미있는 스토리와 함께 알아가면서

▲ 『Papa, please get the moon for
me』

딸을 향한 아빠의 사랑을 그대로 느낄 수 있는 책이었다. 아이가 자
신도 직접 하늘에 있는 달을 가져올 수 있다고 생각하면서, 책이 주
는 상상의 세계에 흠뻑 빠져서 즐겼던 시간이다.

오직 아이에게 집중하는 시간

잠자리에 드는 시간은 하루 중에서 가장 여유롭고 마음이 편한 때
일 것이다. 이 시간에는 책을 읽어주며 아이의 반응과 속도에 집중
할 수 있게 된다. 빠르게 책을 읽을 필요도 없고, 하나의 책을 집중
해 보면서 그 책을 천천히 들여다보면 된다. 많이 읽어야 한다는 압

박에서는 벗어나자. 얇은 책을 여러 권 읽어도 좋고, 한 권을 천천히 읽는 것도 좋다. 책을 읽는 권수에 얽매이게 되면, 아이와의 교감보다는 무의미한 읽기에만 신경 쓸 수 있기에 조심해야 한다.

한 권이라도 책이 재미있다는 경험을 맛보이도록 하자. 그림책을 읽으며 정서적인 안정은 물론 문장이 통째로 외워지는 것은 덤이다. 모르는 것이 있을 때 엄마도 모르겠다고 인정하면, 아이도 모르는 것에 두려움을 갖지 않고 배우려고 할 것이다. 나는 아이가 혼자서 책을 읽을 수 있는 것과 상관없이 베드타임 스토리 시간을 가졌다. 그 시간은 이야기를 통해 아이에게 듣는 귀를 열어주고, 집중하고 이해하는 능력을 키워준다. 무엇보다 엄마의 사랑을 느끼게 하는 최고의 시간이 된다. 어쩌면 아이보다 엄마가 더 행복한 시간일 수 있다. 내게는 그것이 매일 밤 책 읽어주기를 꾸준히 할 수 있는 원동력이었다. 그림책에서 시작한 책이 어느 순간 챕터북이 되고 장편 소설이 되는 순간이 온다. 베드타임 스토리 시간을 아이와 함께 즐겨보자. 머지않아 이 시간이 가치를 매길 수 없을 정도의 소중한 때임을 알게 될 것이다.

어떤 책을 언제까지
어떻게 읽어주어야 할까?

언제까지 읽어주어야 할까?

'언제까지 읽어주면 좋을까'에 대한 정해진 답이 있을 수 없다. 아이가 원할 때까지나 엄마가 즐거운 마음으로 읽어줄 수 있다면 계속하면 된다. 아이에게 어릴 때부터 책을 읽어줘왔다면 더욱 수월하게 지속 가능할 것이다. "우리 아이는 스스로 잘 읽을 수 있는데, 굳이 읽어줘야 할까?"라며 고민할 필요는 없다. 단지 지식을 알려주고 읽기 능력을 키워주는 시간이 아니라, 책 읽는 즐거움을 알아가고 부모와 함께 소중한 추억을 만드는 시간이기 때문이다. 아이로서도 읽고 듣는 즐거움을 느끼고, 스토리의 재미도 알아가는 기대되는 시간일 수 있다.

책은 대화를 이끌어주는 매개체다. 깔깔 웃고 떠들며 아이와 함께 편안하게 이야기를 나눌 수 있게 한다. 그 본질적인 책의 장점이 이를 고학년까지도 계속할 수 있게 했다. 책 읽어주기의 힘은 대단하다. 아이는 커나가면서 생각의 깊이도 깊어지고 책 내용을 바탕으로 이야기를 나눌 소재도 스스로 넓혀갔다.

그동안 책을 읽어준 경험이 없어서 '아직 한 번도 책을 읽어준 적이 없는데 어떻게 해야 할까?' 고민하고 있는 엄마들이 있을지 모르겠다. 늦은 시기는 없다. 아이도 부모도 처음은 쉽지 않겠지만, 늦었다고 생각하지 말고 지금부터라도 시작해보자. 책 읽기와 듣기는 밀접하게 관련되어 있고 이는 분명 말하고 쓰는 것으로 확장된다. 재미있는 스토리에 몰입하는 경험은 집중력을 길러주고 사고하는 힘을 키워줄 수 있다. 그 모든 것의 시작, 책 읽어주기의 장점을 최대한 활용해보자.

어떤 책을 읽어주어야 할까?

어떤 책이 좋을지 책의 종류나 난이도에 크게 제한을 둘 필요는 없다. 나는 글이 전혀 없는 그림책이나 한두 줄짜리 그림책부터 시작했다. 그림책을 읽어주면 아이는 그림과 함께 글을 이해하는 재미를 알아가고 스토리에 집중하게 된다. "다음에 어떤 내용이 나올까?" "마지막 장면에서 주인공은 어떻게 되었을까?" 등 생각할 것들이 무궁무진하게 생겨난다.

리더스북은 분량이 짧고 책 두께가 얇은 것이 많아 아이가 원하는 만큼 읽어주었다. 때로는 한 권일 때도 있었고, 재미있으면 계속 같은 책을 읽어달라고 해서 그러기도 했다. 엄마가 목이 아프고 힘들 수 있지만, 엄마도 아이도 시간이 갈수록 책을 읽어가는 성취감이 남다르게 느껴질 것이다. 챕터북은 한 챕터만 읽어주고 나머지는 오디오를 들려주거나 다음 날 연속해서 읽는 방법도 있다. 두꺼운 책의 경우 꼭 전체를 읽는 것이 아니라, 한 페이지씩 읽어주고 이야기를 나누어봐도 좋다. 책의 두께 때문에 부담감을 가질 필요는 전혀 없다. 좋아하는 책을 읽어줄 때 보이는 반응이 재미있어서 계속 읽어준 적도 있다.

새로운 책의 경우 엄마가 처음 읽어주면서 아이가 책을 만나는 기회를 갖게 해준다. 처음 만나는 책은 어떤 책이고 얼마나 재미있는지 알 수 없기에 엄마가 읽어주면서 낯선 책을 알아가게 한다. 책을 읽어주는 것은 살아 있는 영어를 만나게 해주는 시간이다. 어떤 책이든 제한을 두기보다는 현재 아이가 읽고 있는 책을 중심으로 시작해보자.

어떻게 읽어주어야 할까?

● 스토리의 감정을 공유한다

영어책을 읽으면서도 스토리가 주는 느낌을 알아갈 수 있을까? 물론이다. 아무리 어려도 아이는 엄마의 표정을 통해 기쁘고 슬픈 상태를 조금씩 느껴나간다. 아이마다 책 읽기 성장 속도에 따라 다르지만, 영어책이더라도 한글책을 읽을 때처럼 아이는 스스로 스토리에 몰입한다.

쉘 실버스타인(Shel Silverstein)의 『The Giving Tree(아낌없이 주는 나무)』를 살펴보자. 한 소년에게 자신의 모든 것을 아낌없이 주는 나무 이야기다. 초록색의 간결한 표지와 내부의 흑백 그림이 단순하면서도 깊은 여운을 남겨준다. 소년이 나무 아래서 뛰놀던 어린아이에서 할아버지가 되기까지 나무는 끊임없이 자신의 모든 것을 내어주며 소년에게 사랑을 전한다.

어린 소년이 노인이 되어 나무를 찾아와 대화를 나누는 부분을 읽고 있으면 가슴이 뭉클하다. 나무는 마지막까지도 자신의 그루터기를 내어주며 이제 노인이 된 소년이 자신에게 편히 앉아 쉴 수 있도록 한다. 아이와 이 책을 읽고 있으면 나무가 베푸는 사랑을 저절로 느낄 수 있다. 그리고 그 사랑이 책을 함께 읽는 아이와 나 사이로 전이되는 것 또한 느낄 수 있다. 그림책을 통해 아이와 내가 스토리의 감정과 더불어 서로의 감정을 느끼고 공유한다. 엄마의 감

▲ 『The Giving Tree』

▲ 『The Story of the World』

정이 책을 통해 아이에게 가닿는다.

아이가 태어난 덕분에 엄마가 되었다. 아이에게 사랑을 베푸는 것 이상으로, 엄마 역시 아이로부터 무한한 사랑과 에너지를 받는다. 아이에게 책을 읽어주는 시간은 이 단단한 사랑의 테두리 안에서 부모도 아이로 인해 살아 있음을 느끼게 되는 시간이다.

● **전체적인 맥락에서 단어 의미 유추**

도서관에 갔다가 우연히 읽어보고 싶은 세계사 책을 발견했다. 『The Story of the World』의 번역서인 『교양있는 우리 아이를 위한 세계 역사 이야기』 세트였다. 작가이며 교수인 저자 수잔 와이즈 바우어(Susan Wise Bauer)가 아이들 눈높이에 맞게 세계사에 흥미를 느낄 수 있도록 쓴 역사책이다. 스토리 형식의 책이라 재미있게 읽을 수 있을 것 같아 영문판으로 준비해 밤마다 재우며 조금씩 읽어주었다. 아이를 위한 책 읽어주기가 때로는 나의 읽기 연습이 되기도 했다. 아이들의 시야에서 쉽게 이해할 수 있도록 쓰인 역사 스토리를 만나보자.

A long time ago—about seven thousand years in the past—families didn't live in houses and shop at grocery stores. Instead, they wandered from place to place, looking for food and sleeping in tents or caves. Ancient families who lived this way were called *nomads*. Nomad means "a person who wanders or roams around."
(아주 오래전, 약 7천 년 전에 사람들은 집에서 살지 않았고, 가게에서 물건을 사지 않았다. 대신에 그들은 천막이나 동굴에서 잠을 자고, 먹을 것을 찾아 이곳저곳을 떠돌아다녔다. 이런 식으로 살았던 고대인은 '유목민'이라고 불린다. 유목민은 '이리저리 떠돌아다니거나 옮겨 다니며 사는 사람'을 뜻한다.)

역사를 재미있고 생생하게 느낄 수 있도록 이야기 형식으로 구성된 이 책은 '옛날 옛적에'로 시작하는 문장부터 할머니가 들려주는 이야기 같아 정감이 간다. 위 내용은 목초지를 찾아 이동 생활을 했던 유목민에 대한 설명이다. 여기서 익숙하지 않은 단어가 있다

외고에서 통하는 엄마표 영어의 힘

면, 아마 'nomad(유목민)'나 'roam(이리저리 돌아다니다)'일 것이다. 하지만 'nomad'란 단어를 몰라도 문장 내에서 'they wandered from place to place'라는 표현을 보면 단어가 뜻하는 대략적인 이미지를 떠올릴 수 있다. 또한 마지막에 한 번 더 단어의 의미를 정의해주기에 그 의미를 파악하기가 어렵지 않다.

처음에는 단어의 뜻을 몰라도 챕터 내에서 단어가 익숙해지게끔 관련 내용이 계속 반복되기 때문에 결국은 모르는 단어도 의미를 알게 된다. 원서 읽기를 계속해왔고, 이 정도 수준의 책을 듣고 이해하는 아이라면 단어의 제약을 받지 않고 처음 보는 단어도 유추가 가능할 것이다. 그래도 의미 파악이 되지 않아 궁금해하는 아이가 있다면 책을 읽으면서 단어를 찾아보아도 무방하다. 하지만 처음에는 모르는 단어가 있더라도 찾지 말고, 전체를 읽어가는 것도 좋다. 아이의 성향을 고려해서 궁금하다고 하면 알려줘도 좋고, 굳이 물어보지 않으면 그냥 읽어나가도 괜찮다.

부담 갖지 말고 딱 한 장 읽기로 시작해도 좋다. 한 장에서 한 챕터로 조금씩 늘려가면 된다. 많이 읽어야 한다는 압박부터 내려놓자. 책 읽어주기가 한결 즐거워질 것이다.

아이가 귀담아듣는
영어책 읽어주기 노하우

부모의 마음은 아마 비슷하지 않을까 싶다. 우리 아이를 책 좋아하는 아이로, 책 잘 읽는 아이로 키우고 싶을 것이다. 쉬운 일인 듯하면서도 가장 어려운 일이다. 이것이 어려운 이유는 스마트폰이나 각종 기기에 노출되기 이전에 아날로그 책이 주는 즐거움을 먼저 만나는 시간이 아이들에게 꼭 필요하기 때문이다. 아무리 전자책이나 화면을 통해 읽을 수 있는 책이 발달해 있더라도 종이책을 읽으며 느끼는 감성은 다르다. 아이들은 유아기에 이어 초등학교 때까지 노출되었던 환경의 영향으로 습관이 만들어지는 경우가 많다. 이때 형성된 습관이 중·고등학교까지 그대로 이어지는 경우가 대부분이어서 더욱더 책 읽는 환경에 힘을 쓸 수밖에 없다.

그렇다면 아이에게 영어책을 재미있게 읽어주려면 어떻게 해야 할까? 여기에 제시한 방법은 한글책이든 영어책이든 아이가 귀 기울여 듣게 하는 팁이다. 다만 아이마다 좋아하는 것이 다르니 아이의 성향을 파악하는 게 우선이다.

한 권이라도 진심을 다해

어린아이라도 엄마가 어떤 마음으로 책을 읽어주는지를 직감적으로 안다. 아이와 책으로 공감하는 느낌만으로도 충분하다. 아이들에게 집중하라고 하면서, 정작 엄마들은 책을 읽어주는 순간에 아이에게 집중하지 못하는 경우가 있다. 책을 읽는 그 시간만이라도 정성을 다해보자. 엄마의 정성과 진심은 아이도 느끼기 마련이다. 아이의 숨결을 느끼고 눈을 마주치며 아이가 반응하는 모습에 귀 기울여보자. 엄마가 책 읽어주는 모습을 보며, 아이도 자연스럽게 책을 읽고 싶은 마음을 가질 수 있다. 엄마의 책 읽는 모습 자체가 아이를 자연스럽게 독서의 세계로 이끌어준다. 아이 스스로 자발적인 독서를 가능하게 해주는 힘이 된다. 때로는 엄마가 아무리 책을 읽어주어도 아이가 돌아다니거나, 전혀 책에 관심을 두지 않을 수 있다. 그 시기에는 그럴 수도 있음을 인정하고 서서히 변화를 이끌어나가도록 한다.

영어책 읽기를 지속해온 아이들은 영어책과 한글책의 경계를 특별히 나누지 않는다. 둘 다 그냥 여러 책 중의 하나로 생각한다. 책 읽기 자체가 자연스러운 습관이 된 것이다. 마찬가지로 엄마가 영어 발음을 두려워할 필요가 없는 것은 아이들은 엄마의 발음에 신경 쓰는 것이 아니라, 엄마와 함께 책 읽는 과정 자체에 더 집중하고 그것을 더 좋아하기 때문이다. 엄마의 목소리를 통해, 엄마와 나누는 대화를 통해 아이는 책에 몰입하게 된다. 책의 즐거움을 알아간다.

흥미를 불러일으키는 시간

그림책이나 리더스북, 어느 책이라도 책 표지만 가지고도 이야기를 할 충분한 소재가 된다. 제목도 읽어보고 작가의 이름이나 그림 작가도 누구인지 살펴본다. 책을 읽기 전 그림책의 표지를 전체적으로 보고 이야기를 나누어보자. 관심을 가질 만한 그림이 있는지도 한번 보면서 어떤 이야기가 나올지 예상해보는 것도 책에 흥미를 불러일으키는 요소다. 아이들 책은 만듦새가 흥미로운 책도 많다. 이를 활용해 어떤 책은 책 페이지마다 뚫려 있는 구멍으로 다음에 나오는 그림을 상상해보기도 한다. 때로는 책을 읽은 후에 주인공이나 결말에 대해 간단한 이야기만 나누기도 했다. 독서 활동에는 책을 읽기 전과 후의 다양한 방법이 있지만, 너무 형식에 얽매이지 않고 자유롭게 읽기를 진행했다. 재미를 느끼고 흐름에 방해받지 않는 선에서 말이다. 책을 읽는 것이 재미있다는 것을 느끼는 것이 더 중요하다.

아이가 궁금해하는 부분이 있다면, 그 부분을 가지고 이야기를 나누어도 좋다. 테스트를 보는 것처럼 확인하는 과정은 굳이 필요 없다. 매번 평가받는 느낌이 들면 아이는 이 시간을 즐길 수 없게 된다. 읽는 습관이 들지 않았다면 더욱더 영어책 읽기가 평가의 대상이 되면 안 된다. 처음은 재미있고 익숙하도록 도와주고, 필요하다면 추후에 시도해봐도 늦지 않다. 그림을 소재로 이야기를 나누거나 재미있는 부분이 있었는지 아이가 느낄 기회를 갖는 것이 좋다. 책 읽기가 편안한 마음으로 스토리에 몰입하는 즐거운 과정이 되도록 하자.

아이와 함께하는 최적의 시간은

아이가 어릴 때 엄마의 하루는 눈코 뜰 사이 없이 바쁘기 마련이다. 전업주부든 일하는 엄마든 마찬가지다. 한데 아이들은 엄마가 바쁜 시간에 유독 엄마를 더 찾는 것 같다. 아이들이 한참 책 읽기에 재미를 들인 시기가 있었다. 항상 "엄마, 엄마" 하며 따라다니며 궁금한 것을 묻기도 하고 엄마가 관심을 가져주기를 바랐다. 책도 읽고 싶은 것이 많고 궁금한 것도 많은 시기이니 이해는 충분히 간다. 아이들이 뭔가를 물을 때는 부모의 상황을 고려하는 것은 아니기 때문이다. 아이는 자신에게 일어나는 일을 중심으로 세계가 돌아가니까. 이때 그렇게 아이가 쪼르르 달려와서 궁금한 것을 묻는 경우, 대부분은 "이거 끝내고 다음에 해줄게."라며 상황을 미룬다. 하지만 예상하다시피 '다음에'라는 상황은 절대 없다고 보면 된다. 나 역시 이런 상황을 몇 번 되풀이하며 깨닫게 되었다. 시간이 지나면 똑같은 상황은 두 번 다시 오지 않는다는 것을.

아이들이 무언가를 요청하는 상황에 관심을 기울여보자. 책을 읽어달라는 때도 있고, 궁금한 것을 질문할 때도 있다. 엄마와 놀고 싶어서일 때도 있다. 아이가 간절한 눈빛으로 무언가를 바라는 그 시간을 놓치지 말자. 아이들과 함께 책을 읽고, 일상을 살아가고 바쁘게 움직이는 순간을 붙들어보자. 평범한 일상에 의미를 부여하면 아이들의 모습이 다르게 보인다. 아이들이 보내는 신호에 민감하게 반응해보자. 눈을 맞추고 이야기에 귀를 기울이는 것만으로 충분하다. 부모가 진심으로 들어주기만 해도 아이는 어느 정도 저절로 커나갈 수 있다.

의성어와 의태어 포인트를 살려서

아이들 동화책을 읽다 보면 의성어, 의태어를 자주 보게 된다. 의성어, 의태어는 책의 맥락을 이해하고 재미를 살리는 부분이다. 소리와 동작으로 아이들의 이해를 돕고 내용의 극적인 요소를 더해준다. 책을 읽다 의성어와 의태어가 나오면 책의 흐름에 맞게 실감나게 읽어줘보자. 너무 지나친 과장보다는 내용에 알맞게 읽어주는 것이 더 효과적일 수 있다. 아이가 재미있으면 까르르 웃으며 그 부분만 계속 읽어달라고도 한다. 포인트를 잘 살려 읽어주면 그림 자체만으로도 의성어, 의태어 의미 파악은 물론 책이 주는 분위기까지 알아가게 된다.

의성어와 의태어를 잘 표현한 책 중 하나는 좋아했던 그림책인 마이클 로젠(Michael Rosen)의 『We're Going on a Bear Hunt(곰 사냥을 떠나자)』다. 온 가족이 곰 사냥을 떠나는 장면이 있다. 곰이 사는 동굴까지 가는 길은 난관이 있지만, 역경을 극복해가는 모습을 잘 그리고 있다. 그때마다 의성어와 의태어로 실감 나게 상황을 묘사하면서 책을 읽는 재미를 풍부하게 해준다. 강을 건너며 내는 소리인 'Splash splosh! Splash

▲ 『We're Going on a Bear Hunt』

splosh! Splash splosh!', 수풀을 헤치고 가는 장면에서의 'swishy swashy, swishy swashy, swishy swashy'는 시각적인 면과 청각적인 면을 모두 박진감 있게 느끼게 한다. 같은 형식으로 문장이 반복되기 때문에 책 한 권을 읽고 나면 문장이 통으로 외워지는 효과도 있다. 리듬과 라임이 살아 있어 언어가 주는 운율도 알아가게 된다. 이 책의 작가인 마이클 로젠이 직접 구연한 영상을 보면 도움이 될 것이다(QR 코드).

의성어와 의태어, 상황을 떠올리며 자연스럽게 읽어보자. 책을 통해 아이들은 그림책에 있는 미지의 세계를 상상하면서 더욱 감칠맛 나고 리드미컬한 책 읽기의 즐거움을 알아가게 될 것이다.

외고에서 통하는 엄마표 영어의 힘

스스로 영어책 읽기를
진행하는 방법

부모가 영어책을 읽어주고 영어 오디오도 틀어주는 등 자연스럽게 영어 환경에 둘러싸인 아이는 점차 충분히 영어의 소리에 익숙해진다. 그때부터는 서서히 듣기에서 읽기로 적응이 될 것이다. 책을 스스로 읽을 수 있다는 것은 큰 변화다. 처음은 쉽고 익숙한 책으로 시작해서 읽기의 자신감을 만들어나가는 것이 중요하다.

읽기를 진행하는 방법은 아이마다 다르다. 큰 목소리로 소리 내어 읽기를 좋아하는 아이도 있고, 작은 목소리로 중얼거리며 읽는 아이도 있다. 조용히 눈으로 읽는 것을 선호하는 아이도 있다. 아이마다 좋아하는 방법이 다를 수 있고, 읽고 있는 영어책의 수준에 따라 읽기 방법이 차이가 날 수 있다. 아이 스스로 좋아하는 읽기 방법을 존중해주자. 누구나 읽는 방법은 다를 수 있음을 인정하고 꾸준히 읽기에 집중할 수 있도록 하는 것이 더 중요하다.

소리 내어 읽기

읽기를 시작할 때는 소리 내어 읽기로 시작해보는 것이 좋다. 그동안 음성 언어로 들었던 것을 문자로 인지하는 과정이다. 책을 읽어주다 보면 아이도 입 밖으로 표현하려고 웅얼웅얼하는 때가 있다. 그리고 자신이 아는 단어를 중심으로 소리 내어 말하기를 시도한다. 혼자 읽기를 시도하는 적기라고 볼 수 있다. 그동안 들은 것을 기억하고 문장을 통으로 외워서 읽기도 한다. 읽기를 진행하는 과정의 일부다. 이 과정에서 아이도 스스로 무엇을 모르고 있는지, 어떤 부분을 어려워하는지 알게 된다.

소리 내서 읽는다는 것은 눈으로 문장을 읽고, 입으로 말하는 동시에 자신의 귀로 듣는 총체적인 인지 작용이다. 뇌가 가장 활성화되는 순간이다. 소리 내어 읽으며 입의 근육을 움직여 몸으로 체득한 기억은 오래가기 마련이다. 이렇게 읽다 보면 특히 뇌에서도 반복된 운동 영역을 사용해 기억력도 상승한다고 한다. 소리 내어 읽으며 언어가 주는 즐거움을 알아가는 과정이다. 처음엔 짧은 동화책이나 리더스북 등 쉬운 책으로 읽기를 시도해보는 것이 좋다. 아직 준비가 안 된 상태에서 챕터북이나 두꺼운 책으로 읽기를 시도하면 아이가 힘들어 할 수도 있고, 읽기의 즐거움을 빼앗을 수 있으니 주의해야 한다.

상당히 두꺼운 책을 읽으면서도 소리 내서 읽는 아이를 만난 적이 있다. 큰소리로 읽는 것이 아니었고, 자신만 들릴 듯하게 입으로 중얼거리며 읽고 있었다. "소리 내서 계속 읽으면 힘들지 않아?"라고 물어보니 자신은 "입으로 소리를 내서 읽어야 집중이 된다"라고 했다. 눈으로만 읽으면 몰입이 되지도 않고, 책을 읽는 느낌이 없다고 했다. 아이마다 읽기 진행 방법이 다를 뿐 어떤 방법이 '좋다 나쁘다'의 의미는 아니다. 정답은 없다. 눈으로 읽으며 의미를 파악하는 것이 편한 아이도 있고, 조용히 소리 내서 읽으며 의미를 더 선명하게 기억하는 아이도 있다. 아이가 원하는 방법으로 읽기를 진행하는 것이 최고의 방법이다.

● 소리 내어 읽으며 자신감과 유창성을

읽기를 한다는 것은 글을 읽으며 동시에 지문의 내용을 이해하는 과정을 포함한다. 문장을 읽을 때 끊어 읽기를 하는 것만 봐도 어느 정도 내용을 이해하고 있는지 파악된다. 원어민의 소리에 자주 접해왔던 아이들은 덩어리 단위로 끊어 읽는 것이 자연스럽다. 듣기가 충분히 되어 있다면 그만큼 읽기도 수월하게 진행되는 이유다. 아무리 쉬운 그림책이나 리더스북이라도 아이가 읽다가 모르는 단어가 있을 수 있다. 엄마가 자연스럽게 문장을 한 번 읽어주거나 살짝 힌트를 주어도 좋다. 자신의 수준보다 약간 편안하게 접할 수 있는 책으로 시작해야 한다. 꾸준하게 소리 내 읽는 것만으로 영어가 가진 리듬과 억양에 익숙해진다. 또한 적절한 의미 단위로 끊어 읽기가 가능해진다.

읽기를 시도하는 자체를 칭찬하고 격려하자. 소리 내어 읽기를 통해 읽기의 즐거움을 알아갈 수 있다. 처음은 약간 두려워할 수 있으나 점점 영어책 읽기의 자신감을 기르고 유창성을 키울 수 있을 것이다. 읽을 수 있다는 것은 듣기, 말하기와 쓰기의 기본을 다지는 선순환 역할을 하기에 꾸준히 연습하는 것이 좋다. 즐거운 책 읽기라는 연장선에서 소리 내어 읽기도 꼭 진행되어야 한다.

● 소리 내어 읽기를 싫어한다면

읽기를 어려워하거나 주저한다면 그 이유가 무엇일까를 생각해보고 방법을 찾아가야 한다. 소리 내서 읽기를 싫어하는 경우는 아이 성향상 그럴 수도 있고, 아직은 문자 읽기가 자신이 없어서일 수도 있다. 혼자서 읽기를 힘들어하는 경우는 듣기에 더욱 집중해보거나 쉬운 책으로 다시 읽기를 시도해본다. 아이가 아는 단어 위주로 읽기를 시작하고, 나머지는 엄마가 읽는 것도 방법이다. "아직 이것도 읽을 줄 모르니?" "도대체 몇 번이나 알려줘야 하는 거야!" 등 엄마가 조급함을 보이면 아이는 읽기에서 자신감을 잃고 더욱

위축될 수 있다.

그러니 읽기 전에 듣기부터 채워야 한다. 오디오나 영상물을 통해 듣기를 많이 했거나, 엄마가 읽어주는 것을 충분히 들었던 아이들은 읽기의 진입도 자연스럽다. 듣기가 충분하지 않은 상태에서 읽기를 한다는 것은 단순 문자 읽기가 될 수 있고, 읽기의 부담을 더욱 크게 느낄 수 있다. 읽을 수는 있지만 동시에 의미 파악을 하기까지는 어려움이 있을 수도 있으니 외울 정도로 반복해서 읽은 쉬운 동화책이나 초기 리더스북으로 소리 내어 읽기를 시작해보자. 동시에 오디오 음원이나 영상을 통해 듣기의 시간을 함께 채워나가야 한다.

● 따옴표 안의 대사 읽기

읽기를 처음 시작하는 아이에게 책 전체를 읽게 하는 것은 부담이 될 수 있다. 이때는 문장 내에서 따옴표 안의 대사만 아이가 읽어보게 한다. 그림책이나 리더스북 단계에서 시도하면 좋다. 소리를 익숙하게 들어온 경우라면 따옴표 안의 대사 정도는 쉽게 읽을 수 있다. 다만 여기서 아이가 문자는 모르는 상태로 문장을 통으로 외워서 읽을 수가 있다. 이미 충분히 들어서 영어 문장을 체득한 것이다. 하지만 걱정할 필요는 없다. 과도기적인 상태이므로 점차 스스로 읽어나갈 것이다. 듣기를 많이 누적한 경우는 아이가 기쁜 상황이나 놀라고 화난 모습까지 표정과 감정을 그대로 살려서 읽기도 한다. 주인공에게 감정이입이 되어 스토리의 맥락을 이해하고 읽는 것이다. 아이가 따옴표 안의 대사를 읽으면 엄마가 나머지 문장을 읽어나간다. 소리와 글자의 관계를 알아가며 읽기의 즐거움을 깨달아갈 수 있다.

● 한 페이지씩 번갈아가면서 읽기

아이가 어느 정도 글을 알아보고 읽기에 흥미를 느낄 무렵, 아이와 엄마가 앉아 있는 것을 기준으로 페이지를 교대로 읽었다. 아이가 왼쪽에 있다면 왼쪽 페이지를 읽고, 엄마는 오른쪽 페이지를 읽는 것이다. 이는 그림책과 리더스북 단계에서 아이 혼자서 읽어야 하는 부담을 덜어주는 역할을 한다. 한두 줄짜리 책에서 시작해도 좋다.

한 번 읽기가 끝나면 이번에는 자리를 바꿔 반대로 번갈아가며 읽어도 좋다. 베드타임 스토리 할 때 많이 이용한 방법이다. 서로 실감나게 읽으면서 아이는 책의 내용을 이해한다. 번갈아가면서 읽기를 하는 것은, 상대방이 읽을 때 귀를 기울이게 하는 효과가 있다. 자신이 읽어야 할 부분을 정확히 알아야 하기에 집중력을 유지하기에도 좋다. 전체를 읽는 것에 부담을 느끼지 않고, 읽기에 자신감을 가지게 되는 계기도 생길 수 있다.

외고에서 통하는 엄마표 영어의 힘

오디오 들으며 읽기

읽기와 듣기를 동시에 해보자. 오디오 음원을 들으면서 음원에 맞춰 책을 읽는 것으로 두 아이가 듣기와 읽기에서 도움을 정말 많이 받았다. 오디오 듣기를 통해 책을 읽는 것은 소리와 내용에 몰입하게 하는 힘이 있다. 스토리가 재미가 있다면 내용을 놓치는 것 없이 눈으로 집중하며 따라가게 된다. 책이 두꺼워지면서 소리 내어 읽기보다는 오디오 소리를 통해 읽기를 진행했다. 리더스북에서 챕터북으로 넘어갈 때, 챕터북에서 소설로 진입할 때 오디오 듣기는 읽기의 지평을 넓혀준 계기가 되었다.

책을 읽는 동시에 내용 이해를 한다면 좋지만, 처음부터 모든 부분을 완벽하게 이해할 수는 없다. 반복하며 읽거나 같은 수준의 책을 계속 읽으면서 이해의 폭을 넓혀나갈 수 있다. 보통 집중듣기 과정으로 알고 있다. 듣기이면서 동시에 읽는 과정이다. 전체적인 의미를 파악하기에 좋고, 모르는 단어가 있더라도 스토리의 흐름을 따라 의미 유추가 가능하다. 무엇보다 전체적인 흐름에 몰입하는 즐거움이 있다.

눈으로 읽는 묵독

묵독은 책을 소리 내서 읽지 않고 조용히 눈으로 읽는 것을 말한다. 챕터북이나 소설 등, 읽기 레벨이 올라가면서 주로 묵독으로 책을 읽게 된다. 읽기의 양이 많아지면 자연스럽게 묵독으로 의미를 이해해가며 읽는다. 전체를 눈으로 읽으며 몰입하고 내용에 집중하게 된다. 묵독은 읽는 양이나 속도 면에서는 낭독보다는 훨씬 빠르게 읽기가 진행된다.

책이 두꺼워지면 전체를 소리 내서 읽는 것은 무리다. 큰아이의 경우 리더스북이나 동화책은 소리 내서 읽다가, 챕터북이나 소설로 넘어와서는 오디오 음원을 이용해 듣기도 하고, 눈으로 읽으며 집중하는 등 상황에 따라 달랐다. 읽기가 자유로워지면 눈으로 읽는 속도가 오디오의 소리보다 빠르다. 이런 경우는 책의 다음 내용이 너무 궁금해서 바로 눈으로 읽기를 진행하곤 했다. 소리 내어 읽기나 오디오를 통해서 읽는 것이 묵독보다 상대적으로 읽기 속도에 제한이 있다. 그래서 자신이 원하는 만큼 빠르게 읽기 진행이 되지 않는다. 그런 경우라면 묵독으로 읽기를 진행해나가도록 한다. 아이마다 선호하는 방법이 있으니 아이가 좋아하는 형태로 읽기를 진행한다.

외고에서 통하는 엄마표 영어의 힘

하루 한 권 영어책 읽기

하루 한 권 책 읽기를 일상의 하나로 만들어보자. 습관은 매일 일정한 것을 쌓아 만들어나가는 것이다. 매일 하기도 쉽지 않고, 꾸준히 하는 것은 더욱 어렵다. 하지만 습관이 된다면 그것만큼 강력한 힘을 발휘하는 것은 없다. 영어책 읽기 방법에 너무 얽매이기보다는 아이가 좋아하는 방법으로 진행하면 좋겠다. 의무감에 해야 하는 과제로서의 읽기가 아니라, 즐거운 읽기여야 오래 지속할 수 있다. '한글책 읽기도 매일 하기는 쉽지 않은데, 영어책 읽기까지 어떻게 할까?' 하는 고민이 들 수도 있지만, 책이 재미있다는 것을 느껴본 아이, 그동안 천천히 책 읽기에 집중해온 아이라면 시도해볼 수 있다. 얇고 부담 없는 책부터 시작해서 점점 두꺼운 책으로 읽기 수준을 높여나가도록 한다. 아주 서서히 진행되는 과정이다. 하루 한 권은 상징적인 의미다. 얇은 책은 여러 권이 될 수도 있고, 두꺼운 책은 분량을 나누어 읽어도 좋다.

한글책 읽기는 가능한데 영어책 읽기는 힘들어 하는 아이들이 있다. 처음부터 쉽지는 않겠지만 습관이 될 때까지 서서히 시도해보자. 초등 저학년 때 학교 과제 중 하나가 동화책 읽고 한 줄 느낌을 쭉 써나가야 하는 게 있었다. 날짜, 제목, 한 줄 느낌, 그리고 엄마의 확인란이 있었다. 여기에 힌트를 얻어 A4 용지에 칸을 만들어 영어책 읽기에 응용했다. 날짜, 제목, 그리고 읽은 시간과 페이지를

▲ 아이가 읽고 쓴 영어책 독서목록

적었다. 부담 없는 얇은 리더스북으로 시작해서 높은 수준의 책까지 꾸준히 할 수 있도록 격려했다. 높은 단계의 책을 읽을 수 있더라도, 처음 혼자 읽기를 시도하는 책은 약간 쉬워야 한다. 읽기 자체가 만만한 느낌이 있어야 오래 할 수 있고 자신감을 가질 수 있기 때문이다.

두께가 얇은 경우 한 권 읽는 시간이 길지 않다. 앉은 자리에서 적으면 5권에서 많으면 10권 이상도 순식간에 읽기가 가능하다. 읽은 책이 너무 많다면 대표적인 책 제목 하나 정도만 적어도 된다. 매일 읽은 책을 적다 보면, 그간 어떤 책을 읽었는지가 한눈에 시각화되어 아이 스스로 성취감을 느낄 수 있게 된다. 한글 과제처럼 읽

외고에서 통하는 엄마표 영어의 힘

고 한 줄 느낌을 쓰라고 하면, 오히려 부담될 것 같아 영어는 제목 위주로만 적었다. 매일 영어책 읽기를 꾸준히 해보자. 책 읽기 자체로 영어의 내공을 키워나갈 수 있는 것은 물론, 읽기의 유창함과 자신감을 쌓아나갈 수 있다. 하루하루가 쌓이면 곧 혼자서도 지속 가능한 좋은 습관이 된다.

3장

영어책 읽기로
영어의 재미에 눈뜨다

책을 좋아하는 아이로
키우는 방법

책을 좋아하는 아이로 키우고 싶은 것은 모든 부모의 바람이다. 하지만 현실을 돌아보면 부모의 일상부터 책 읽기와 거리가 먼 경우가 많다. 이런 상황에서 책 읽기가 의무가 되는 순간 부모의 마음은 급한데, 아이들은 형식적인 독서를 강요받아 스트레스만 쌓일 수 있다. 또 모든 환경이 완벽하더라도 아이에 따라 책을 좋아하기도 하고 전혀 관심을 보이지 않기도 한다. 일단 아이에게 책에 대한 좋은 기억이 있는지부터 생각해보자. 단지 거실이나 아이 방 책장에 책을 가득 채워주었다고 아이가 갑자기 책을 좋아하게 될 리 없다. 책장에 책이 가득해도 장식용에 그쳐버리는 경우도 잦다. 너무 일찍 책을 사놓기만 하고 정작 읽어야 할 시기에는 아이가 관심을 두지 않아서다. 진행 상황에 맞게 구매해도 늦지 않기에 많은 책을 한 꺼번에 사놓지 않아도 된다. 책을 좋아할 수 있도록 엄마가 관심을 기울이는 것이 먼저다.

우선 한두 권의 책이라도 읽기를 시작해보고 아이의 관심사를 잘 살펴보자. 나도 편안하게 그림책을 읽어주면서 아이의 성장을 지켜봐주는 것이 첫출발이었다. 아이는 책 읽기의 재미를 느끼면서 집중하게 되었고, 집중해 읽으면서 스토리를 즐기는 선순환을 보였다. 독서 습관이 잡히면 그 이후에는 엄마가 크게 힘을 들이지 않아도 된다. 어릴 때부터 좋은 독서 습관을 들이는 데 부모가 관심을 두고 노력해야 하는 이유다.

책 읽기의 재미를 느끼게 하라

책 읽기가 얼마나 재미있는지를 경험시키는 것이 가장 먼저 해야 할 일이다. 그동안 책을 거의 읽지 않았던 아이들도 있을 텐데, 독서를 과제로 생각하거나 엄마가 읽으라고 하니까 의무적으로 읽었던 아이들은 책 읽기 자체가 쉽지 않다. 책이 가득해도, 시간이 아무리 많아도 재미있게 빠져드는 책 읽기를 경험해보지 않은 아이들은 책을 읽으려고 하지 않는다. 당장 눈앞에 스마트폰이나 게임, 유튜브 등 눈을 잡아끄는 것들이 너무 많기 때문이다. 책이 재미있다는 것을 아이가 알기까지는 엄마의 노력이 필요하다. 무작정 책을 읽으라고 한다고 해서 아이가 책을 읽지는 않는다. 책만의 특별한 재미를 느끼게 해줄 마중물이 있어야 한다. 엄마의 책 읽어주기나 베드타임 스토리가 그 마중물 역할을 할 수 있다.

영어책을 읽어준다는 부담감을 느낄 필요는 없다. 그저 아이와 함께한다는 생각으로 시작하면 된다. 며칠 동안 거창하게 하다가 그만두지 말고 아이와 책 읽는 시간이 소소한 일상이 되도록 하자. 책 읽기의 즐거움을 경험해본 아이들은 부모가 읽으라고 하지 않아도 언제 어디서든 책을 보려고 한다. 친구 집에 놀러 가서도 관심 있는 책이 있으면 노는 것을 잊고 책을 읽으려 할 것이다. 책과 친해질 수 있는 환경을 만들고, 재미있고 쉬운 책으로 시작하자. 처음부터 너무 큰 목표를 세우기보다는 한 권이라도 책이 재미있다는 느낌이 들도록 하면 좋다. 읽기에 대한 자신감은 즐겁게 독서하는 바탕이 된다.

충분한 독서 시간이 있어야 집중한다

책 읽기의 중요성을 알면서도 정작 일상에서 책 읽기의 우선순위는 자주 뒤로 밀리게 된다. 그러나 집중해 독서할 수 있는 시간을 확보하는 것은 권장 사항이 아닌 필수다. 방해받지 않아야 책에 몰입할 수 있기 때문이다. 바쁜 스케줄에 치이며 마지못해 과제하듯이 책을 읽어서는 즐거울 수가 없다. 책을 읽는 아이의 마음도 편하지 않을 것이다. 아이가 너무 바쁘면 아예 책을 읽지 않거나 스토리만 대략 파악하면서 책장을 넘길 수도 있다.

문제집을 풀거나 노트에 무언가를 적고 외우는 것만이 공부가 아니다. 책을 숨죽이고 읽으며 흥미진진한 스토리를 맛보는 경험을 해야 한다. 책 읽는 즐거움을 아는 아이라면 매번 엄마가 "책 읽어라.""공부해라." 말할 필요가 없다. 책의 스토리에 푹 빠져본 아이는 책을 대하는 자세가 다르다. 이러한 일상의 책 읽기는 교과서를 읽고 이해하고 개념을 정리하는 능력, 사고하는 능력으로 자연스럽게 연결된다.

주변을 둘러보면 어린 나이에도 하루가 꽉 찰 정도로 많은 일을 소화하는 아이들이 있다. 운동, 악기, 미술, 영어, 수학, 논술, 한자, 교구 수업 등 따져보면 무엇 하나 버릴 것이 없을 듯하다. 모든 것을 소화하려면 하루도 모자라다. 무엇이 가장 중요한지 선택과 집중을 해야 할 때다. 아이들이 조금이라도 쉴 수 있는 여유가 필요하다. 방해받지 않고 책을 읽는 그 시간에 아이는 쑥쑥 성장하게 된다. 유아, 초등 시기에 가장 우선순위에 두어야 할 것이 무엇일까. 진심으로 고민해보는 시간을 가져보길 바란다.

쉬운 동화책으로 시작하기

읽기에 부담이 없고 그림만 봐도 의미가 쉽게 파악되는 책으로 시작한다. 아이마다 인지 수준이 다르고, 책을 읽어온 환경도 다르고, 영어를 시작하는 나이도 모두 다르다. 그렇기에 어떤 책부터 읽어야 하는지는 부모님이 아이를 잘 관찰하고 결정해야 한다. 처음 영어를 시작하는 아이라면 주로 단어나 짧은 한두 문장으로 구성된 그림책을 선택한다. 책은 듣기와 함께 진행할 수 있도록 가능한 한 소리 지원이 되는 것이 좋다. 특히 CD는 음원 구성이 다양한데, 단어나 문장을 한 번씩 읽어주는 것, 성우가 읽으면 아이가 따라 말하는 것, 함께 소리 내어 읽는 형식 등으로 책의 이해를 돕는다.

유아의 정서에 맞는 그림과 내용으로 구성된 책은 아이가 거부감 없이 받아들일 수 있다. 이런 쉬운 동화책 먼저 오디오 소리를 들으며 읽어보고, 엄마가 읽어주기도 하고, 그러다 스스로 읽기를 시도하면서 아이는 점차 읽기의 즐거움을 알아가게 된다. 쉬운 책부터 시작해서 자신감을 얻게 해, 이 시기에 수평적으로 독서의 양을 늘려가도록 한다. 짧은 문장으로 구성된 책은 엄마도 부담이 덜하고, 아이가 관심 가질 만한 내용이 많기 때문에 접근하기 쉽다. 아이가 책을 이리저리 살펴보고, 오디오 소리나 엄마의 목소리에 귀 기울이는 그 순간을 마음껏 즐겨보자.

▲ 책장 가득한 영어책. 좋아해서 자주 읽는 책은 따로 모아두었다.

관심 있는 분야의 책 읽기

성향이나 나이에 따라 아이마다 관심사가 모두 다르기는 하지만, 누구나 좋아하는 주제는 하나씩 있기 마련이다. 영어책을 읽을 때도 아이가 무조건 한 분야의 책만 읽으려고 하는 경우가 있다. 이때는 원하는 책을 실컷 읽을 수 있도록 그대로 두는 편이 좋다. 아이의 사고력 확장에 도움이 되기 때문이다. 책을 원하는 만큼 읽었던 아이는 어느 순간 다른 분야로 관심을 옮겨나간다. 좋아하는 책을 충분히 읽어봐야 미련 없이 또 다른 관심 분야를 자연스레 찾을 수 있다. 한 분야의 책만 읽는다고 걱정할 필요가 없다.

큰아이의 경우 거의 판타지만 즐겨 읽었던 적이 있다. 에린 헌터(Erin Hunter)의 『Warriors(고양이 전사들)』를 한 권 읽어보고 정말 재미있어 한 것이 시작이었다. 아이가 흠뻑 빠져 읽는 걸 보는 동안, 아무래도 영어 도서관에 있는 책은 극히 제한적이어서 매번 빌려 읽다가는 아이가 흐름을 놓쳐버릴 것 같았다. 그래서 마음 놓고 더 집중해 읽을 수 있도록 한 세트에 6권씩 구성된 책을 읽는 대로 시차를 두며 세트별로 사주었다. 릭 라이어던(Rick Riordan)의 『Percy Jackson(퍼시 잭슨)』 시리즈와 C. S. 루이스(C. S. Lewis)의 『The Chronicles of Narnia(나니아 연대기)』 또한 마찬가지다. 신화와 판타지 소설은 아이들을 몰입하게 만드는 힘이 있다. 너무 재미있으니 책으로 읽고, 틈나는 대로 영화도 보며 한동안 이 시리즈에 빠져 있었다. 판타지만 좋아한다고 억지로 다른 곳으로 눈을 돌리게 할 필요도 없었다. 아이들의 관심은 계속 바뀌기 때문에 크게 걱정할 일은 아니다.

오히려 이렇게 몰입하는 시간이 아이가 책을 좋아하는 저력을 갖추게 한다. '우리 아이는 왜 매번 똑같은 책만 읽을까?' 또는 '한쪽으로만 편중된 독서를 해도 괜찮을까?' 같은 고민은 전혀 하지 않아도 된다. 엄마가 한계를 설정하면 아이의 독서 영역을 넓힐 기회를 제한할 수도 있다. 오히려 관심을 가지는 무언가가 있다면 좋은 징조다. 몰입할 수 있는 좋은 기회니까.

아이가 읽었던 책만 계속 읽는다고 걱정하기보다, 좋아하는 분야가 있다는 사실에 더 관심을 기울이자. 아이가 매번 다른 책을 읽고 있으면 반복해서 읽지 않는다고 걱정하고, 반복해서 같은 책만 보면 다양한 독서를 하지 않는다고 걱정하는 것이 얼마나 아이러니한 일인가. 어쩌면 부모의 관여를 최소화하고 아이에게 자율성을 부여하는 것이 책 읽기의 즐거움을 느끼게 해주는 가장 좋은 길일지도 모른다. 좋아하는 분야가 있으면 책을 충분히 읽을 수 있도록 허용해주자.

일정한 시간에 책 읽는 습관을 만들기

하루 중 편안하다고 느끼는 시간이 있을 것이다. 우리 집의 경우 주로 아침 시간이 좋았다. 아이들이 일찍 일어나는 편이기도 해서 아침에 상대적으로 시간적 여유가 있었다. 그러다 보니 자연스럽게 아침 독서 습관이 자리 잡혔다. 거실 소파에서 책을 뒤적이기도 하고, 간단한 책은 내가 읽어주기도 하고, 음원의 도움을 받으며 스스로 읽기도 했다. 이렇게 책과 가까이할 수 있는 환경을 만들다 보니, 아이들이 거실에서 책 읽는 것을 아침 루틴으로 자연스럽게 받아들이게 되었다.

습관이 하루아침에 만들어지는 것은 아니기에 몸에 익을 때까지는 함께해주는 것이 좋다. 의식하지 않아도 저절로 익숙해지도록 훈련을 쌓아가는 것이다. 오후에 집중이 잘되는 아이도 있을 것이고, 저녁 식사 후가 편안한 시간이 될 수도 있다. 비슷한 시간에 일정 장소에서 책 읽는 것을 매일 습관으로 만들어보자. 가정마다 하루 일정을 고려해보고, 아이가 방해받지 않고 책 읽을 시간이 언제인지 살펴봐서 그 시간을 최대한 활용하자. 유아기가 독서 습관을 형성하기 좋은 시기이며, 이러한 습관은 중·고등학교에서도 빛을 발하게 된다.

보드북 한 권으로 시작된
영어의 즐거움

나는 아이를 낳고 나서야 영어 그림책이 있다는 사실을 알게 되었다. 더구나 영어를 공부의 대상으로만 여겼기에 영어로 뭔가 콘텐츠를 이용할 수 있다는 생각을 한 번도 해본 적이 없었다. 아이들 영어책을 구매할 때는 오디오 자료가 있는 것을 선호했다. 나도 오디오의 도움을 받을 수 있고, 아이도 소리에 자연스럽게 노출될 수 있다고 생각했기 때문이다. 익살스러운 그림에 오디오의 아름다운 음악, 성우의 정확한 발음은 아이들에게 영어책의 흥미를 더해주었다. 그림책으로 영어를 이렇게 재미있고 쉽게 배울 수 있음을 처음 깨달은 순간 마음이 설렜다. 재미있는 그림책 한 권이 아이에게 다른 세상을 만나는 문을 열어주는 계기가 되었다.

외고에서 통하는 엄마표 영어의 힘

아이들은 가끔 그림책을 읽으며 어른이 알아채지 못하는 미세한 그림까지 찾아내기도 한다. 그림을 천천히 훑어보기만 해도 스토리를 나름대로 이해하고 그렇게 그림책 읽는 재미를 높일 수 있다. 영어 그림책을 읽는 과정이 한글 그림책을 읽는 과정과 크게 다르지 않은 것이다. 언어만 다를 뿐 습득하는 방법은 비슷하다고 볼수 있다. 아직 글을 모르는 시기에는 책을 자주 읽어주고, 그림을 보며 이야기 나누고, 음원도 많이 들려주며 영어 소리에 최대한 익숙해지게 했다. 아이도, 엄마인 나도 그림책의 묘미를 조금씩 알아가게 되었다.

언어는 도구다

한동일의 『라틴어 수업』에는 "언어는 공부가 아니다."라는 표현이 있다. 언어는 분석적인 공부법으로 학습하는 게 아니라, 꾸준한 습관을 통해 익혀야 한다는 것이다. 언어 자체가 학습의 목적이 될 수 없고, 도구이면서 표현 수단인 동시에 세상을 이해하는 틀이라고 했다. 아이들에게 언어가 학습하고 테스트받는 대상이 되는 순간 언어를 배우는 즐거움은 놓치게 된다.

아이들 눈높이에 맞는 그림책은 상상하며 언어를 즐길 수 있는 최고의 교재다. 우리 아이가 가장 처음 만난 영어 그림책은 보드북

으로 되어 있는 빌마틴주니어(Bill Martin Jr.)와 에
릭칼(Eric Carle)의 『Brown Bear, Brown Bear,
What Do You See?(갈색 곰아, 갈색 곰아, 무엇을 보
고 있니?)』였다.

Brown Bear, Brown Bear, What do you see?
I see a red bird looking at me.
Red Bird, Red Bird, What do you see?
I see a yellow duck looking at me.

단순하고 간결하게 같은 문장 구조가 반복되므로 몇 번 듣다 보
면 어느샌가 구구절절 귀에 쏙쏙 들어오기 시작한다. 이런 식으로
운율 또는 멜로디가 있는 그림책과 더불어 챈트와 각종 영어 노랫
소리를 들으며 영어책의 재미를 알아갔다. "바로 이거구나. 그림책
으로 영어를 시작할 수 있겠구나." 그림책 한 권을 읽고 소리를 들
었는데, 책 한 권이 머릿속에 그려지며 계속 떠올랐다. 신기한 경험
이었다. 책으로 천천히 영어를 접해보자는 믿음이 더 강해졌다. 터
치가 투박한 듯하면서도 단순한 에릭 칼의 그림은 동화책을 읽는 기
쁨을 더해주었다.
　어린아이에게 영어책을 읽어주었다고 아이가 우리말과 영어를
혼동하지는 않는다. 우리말은 우리말대로 영어는 영어대로 받아들

이게 된다. 그러니 이 부분은 크게 걱정할 필요 없다. 물론 아이마다 언어를 배우는 속도는 차이가 날 수 있다. 꾸준히 진행하는 것이 답이다.

그림책으로 작은 아웃풋이 시작되다

그림책으로 영어를 시작한 후 거의 매일 많이 읽어주고 들려주었다. 그러던 어느 날 책을 읽어주는데 아이가 책에 있는 문장을 그대로 따라 말했다. 이미 들었던 소리를 입 밖으로 표현하고 싶어 하는 듯했다. 그동안 소리로 축적해놓았던 문장과 단어가 입에서 나오는 순간이었다. 단어와 단문 위주로 들었던 소리를 입으로 직접 말하는 작은 아웃풋이었다. 그러다 어느 순간 인토네이션을 비롯해 문장 전체를 비슷하게 표현하거나, 전체 표현이 어려운 경우는 단어나 일정 부분을 말하기 시작했다. 한번 입력된 단어와 문장은 적절한 상황에서 말로 표현되기도 한다. 동화책을 계속 접하면서 아이가 영어를 자신의 언어로 표현하는 순간이 온 것이다. 영어 동화책에 더욱 확신을 가질 수 있었다.

거창한 아웃풋을 기대할 필요가 없다. 아이가 무언가 표현하는 대로 반응해주면 충분하다. 엄마가 영어책을 읽어주는 소리나 오디오에서 들리는 영어 말소리를 듣다 보면 영어에 점점 익숙해진다.

외우려 하지 않아도 수없이 들은 소리는 아이의 뇌에 자연스럽게 각인되기 마련이다. 영어 동화책으로 시작된 책 읽기가 영어의 세계에 발을 담그는 계기가 되었다.

외고에서 통하는 엄마표 영어의 힘

영어 사전을
그림책처럼 활용하다

영어 사전은 그림책의 연장선이다

영어 사전이라 하면 부모 세대가 사용하던 두꺼운 영어 사전을 생각하게 된다. 여기서는 아이들이 볼 수 있는 사물 인지용 영어 사전이나 그림이 있는 사전을 말한다. 영어 사전이지만 그림책의 일부라고 생각하고, 주로 아이들이 유아기와 초등 저학년 때 많이 사용했다. 사전이라고 해서 단어를 외우고 평가하는 테스트에 활용한건 아니다. 페이지를 넘겨가며 그림을 찾아보거나 익숙한 그림이 있으면 해당 단어와 문장을 한 번씩 읽는 정도로 가볍게 이용했다. 이영어 사전을 가까이한 덕분인지 나중에는 원서를 읽다가 모르는 단어가 나와도 아이가 두려움 없이 책을 읽게 되었다. 책 읽기가 익숙해지면서 처음 보는 단어라도 사전을 찾지 않고 문맥을 통해 유추하는 힘을 갖게 된 것이다.

그림책처럼 활용 가능한 이런 어린이용 사전은 사이트 워드는 물론 기본적인 단어까지 배울 수 있다. 사물 인지용으로 한글책과 연계되어 활용도가 높다. 즐거운 놀이 과정으로 생각하고 편안하게 넘겨보면서 아는 단어 위주로 살펴봐도 무방하다. 첫 페이지부터 빠짐없이 모든 단어를 보는 것이 아니라 그림책을 보듯이 수시로 펼쳐봐도 괜찮다. 사전은 그림을 보면서 단어와 사물을 인지해나갈 수 있다는 장점이 있다. 그림책과 리더스북 그리고 챕터북을 읽을 때 어린이용 사전은 든든한 보조 역할을 해주었다. 영어책을 읽은 후 궁금한 게 생기면 영어 그림 사전을 찾아보았다. 거꾸로 사전을 보다가 이미 아는 익숙한 단어가 나오면, 아이는 해당 단어나 문장이 있는 책을 가져와서 보여주곤 했다. 엄마는 기억하지 못해도 아이는 신기하게 단어가 쓰인 부분을 기억해냈다.

사전은 단어의 의미와 문장을 이해하는 데 도움이 된다. 하지만 사전으로 욕심을 내는 것은 금물이다. 평가받는다는 느낌이 들면 아이는 절대로 사전을 다시 보려고 하지 않을 것이다. 책과 일상생활에서 알고 있었던 사물을 그림을 통해 영어로 확인하는 과정일 뿐이다. 유아기부터 그림 사전에 익숙해지면 그 사전 속 어휘가 쓰이는 문장까지 자연스럽게 알 수 있다. 단어를 따로 외우지 않아도 그 쓰임새를 알게 되는 것이다.

　단어 40~50개를 한꺼번에 외우거나, 시험 때문에 단어를 외웠지만 바로 잊었던 경험이 누구에게나 있을 것이다. 단어가 문장 내에서 어떻게 쓰이는지 알 수 없다면 단어를 공부하는 의미가 없다. 무작정 단어만 외우는 것보다 그림 사전을 펼쳐보며 어휘를 친숙하게 받아들이는 기회를 만들어줘보자. 사전은 의미 있게 단어를 확장해나가도록 돕는다. 하지만 이는 어디까지나 보조적인 역할일뿐, 사전이 영어책 읽기의 전체 역할을 대신할 수는 없다. 다만 사전이 익숙해지면 중·고등학교 때 사전 없이 긴 지문을 읽고 모르는 단어의 의미를 파악하는 힘이 생긴다.

● 『DK My First Word Book』(DK)

　『DK My First Word Book』은 선명한 색상의 그림으로 아이들의 시선을 사로잡기에 충분하며 초기 유아기에 사용하면 좋다. 아이들이 일상에서 접하는 1천 개 이상의 단어를 인지할 수 있도록 'All about me' 'At the park' 'On the farm'과 같이 주제별로 구성되어 있다. 반복해서 보다 보면 아이들 수준에서 알아야 할 단어를 자연스럽게 습득하게 된다. 사이트 워드와 더불어 그림으로도 단어를 인지할 수 있게 구성되어 있다. 한글책을 읽은 후에 확장해서 영어 사전을 찾아보면 단어의 의미를 이해하는 데 도움이 될 것이다.

● 『The Sesame Street Dictionary』(Random House)

〈세서미 스트리트〉는 아침에 자주 보던 TV 영어 방송 프로그램이었다. 캐릭터들의 개성이 살아 있어 아이들이 엄청 좋아했던 프로그램 중 하나다. 이 사전에는 방송에서 매일 보았던 캐릭터들이 그대로 등장하기에 사전이라는 느낌이 들지 않았다. 동화책처럼 읽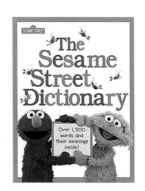어주는 용도로 활용 가능한 사전이다. 거실이나 아이들 방에서 언제나 손에 닿는 곳에 놓아두었다. 아이들에게 익숙한 캐릭터이므로 그림책처럼 넘기면서 볼 수도 있다. 문자를 모르는 시기라도 하루에 한두 단어와 그림을 보며 이야기를 나눌 수 있다.

보통 단어를 영어로 정의하고, 그 단어가 들어간 문장이 실려 있는 구성이다. 기본적인 단어의 사전적 의미를 설명해준다. 버블 모양에는 해당 단어가 들어간 문장을 만화 속 대사로 처리해놓아서 회화 문장을 자연스럽게 접하게 된다.

예를 들어 동사 'add'를 살펴보면 add의 정의가 먼저 적혀 있다.

외고에서 통하는 엄마표 영어의 힘

When you add to something, you make it bigger.

그리고 "I am going to add one more block to my tower."
라는 문장이 말풍선 안에 쓰여 있다. 아이들이 평소에 하는 블록
놀이를 그림으로 표현하고 있어서 문장의 의미를 바로 파악할 수
있다.

처음부터 모든 단어를 다 살펴볼 필요는 없다. 명사나 동사 위
주로 보거나, 아이가 한글로 이미 인지하고 있는 단어, 최근에 관
심 있는 단어 위주로 시작해도 좋다. 기계적으로 단어를 외우는 것
이 아니라 사전을 보면서 영어의 감각을 익혀가면 된다. 엄마가 바
빠서 책을 읽어줄 시간이 없더라도 평소에 읽고 있는 한글책이나
영어책과 함께 놓아두자. 그림을 보며 자연스럽게 단어를 인지하게
되고, 반복하는 효과도 있다.

● 『Oxford First Thesaurus』(Oxford University Press)

'Thesaurus'는 동의어 사전을 말한다. 말하거나 글을 쓸 때, 대부분은 자신이 알고 있는 범주 안의 단어만을 사용한다. 같은 단어가 계속 반복된다면 그리 좋은 글이 아니다. 이때 비슷한 뜻을 가진 다른 단어로 대체한다면 글이 훨씬 살아나는 느낌이 든다. 비슷한 단어, 반대말, 예문을 함께 소개하고 있는 사전으로, 평소 읽기나 들려주기를 하면서 단어를 확장시킬 수 있다.

단어가 문장에서 어떻게 쓰이고, 어떤 의미가 있는지를 그림을 통해 비교할 수 있게 정리되어 있다. 따라서 단어 각각의 뉘앙스를 동의어 사전으로 배울 수 있다. 같은 단어를 반복하지 않고 비슷한 뜻을 가진 다른 단어를 문장에 적합하게 사용하도록 돕는다.

● 『The American Heritage first dictionary』
(Houghton Mifflin Harcourt)

큰직한 활자와 선명한 컬러 사진으로 이루어져 있어 유아기부터 초등기까지 자주 이용했다. 어린이용 사전은 아이들의 호기심을 채워주고 관심 영역을 넓혀주는 역할을 한다. 단순히 단어를 인지하는 용도를 훨씬 뛰어넘는다. 평소 생활에서 자주 접하는 그림이

외고에서 통하는 엄마표 영어의 힘

있는 단어 위주로 먼저 시작하는 것이 흥미를 높이는 방법이다. 무작위로 펼쳐서 명사는 실제 사물과 매치해보고, 동사는 실제 동작을 하며 단어를 한 번 읽어준다. 그러면 아이는 그림을 보거나 엄마의 동작을 따라 하며 동사를 익힌다.

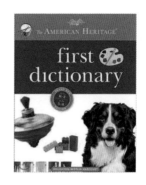

일상 표현책을 그림책처럼

● 『English for Everyday Activities』

일상생활의 모습을 그림과 문장으로 표현한 생활 영어책이다. 처음 엄마표를 진행하며 영어로 말하고 싶은 갈증이 느껴졌다. 입 밖으로 한두 문장이라도 말해보고 싶다는 생각에 나의 영어를 위해 구입한 책이다. 하지만 갈수록 나보다 아이가 더 좋아하게 되었다. 'First Thing in the Morning'

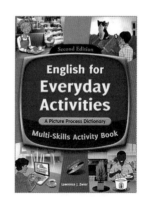

'Brushing Your Teeth' 'Riding a Bicycle' 등 아침에 일어나서

순차적으로 행하는 일상 모습을 상황별로 그림으로 표현하고 있다. 그림 이미지는 아이의 모습이 아닌 성인 남녀의 모습이다. 내용도 성인의 일상생활 위주로 구성되어 있다. 글씨도 작아서 아이들이 잘 볼 수 있을까 생각했지만, 소리를 자주 들어서인지 의외로 아이가 더 재미있게 보았다. 아침에 일어나 화장실에 가고, 밥을 먹고, 집을 나서는 모습 등 비슷하게 느껴지는 부분이 있어서인지 부담을 갖지 않고 읽었다.

책과 CD로 구성되어 있어 듣기 자료로 자주 이용했다. 많이 듣다 보면 문장이 체화되고 그림을 보면 문장이 떠오르는 효과가 있다. 듣기로 누적된 문장은 표현 사전처럼 자연스럽게 말이 되어 입밖으로 나오게 된다. 아이가 관심을 보이는 부분이 있으면 본문의 이미지를 보면서 이야기 나누어봐도 좋다. 일상생활 용어지만 막상 영어로 표현하려고 하면 해당 단어나 문장을 떠올리기 힘든 경험이 있었을 것이다. 단어와 이미지가 상호 보완해 문장의 이해를 돕기도 하고, 상황에 맞는 기본적인 문장이 제시되어 있어 활용도가 높다. 그림을 보며 영어 소리를 듣고, 이것이 읽고 말하기까지 확장되었다. 어른만을 위한 책이라는 내 생각을 완전히 바꾸어준 책이다.

외고에서 통하는 엄마표 영어의 힘

어린이 영어 사전
제대로 이용하는 방법

디지털 시대로 접어든 이후 사전은 애플리케이션(앱)이나 인터넷 포털사이트를 통해 주로 사용된다. 하지만 유아나 초등 시기에는 종이 사전으로 영어 단어와 문장을 많이 접하는 것도 좋다. 사전이 마치 백과사전 역할을 해줄 수도 있다. 그림은 단어의 이해를 높이고, 단어가 쓰인 영어 문장의 뜻을 알려주기도 한다. 무엇보다 영어의 부담감에서 벗어나 영어를 친숙하게 만나는 계기가 될 수 있다. 인터넷에서 단어를 찾는 것도 좋지만, 사전을 들여다보며 종이책과 좀 더 친해지면 좋겠다. 손때 묻혀가며 읽었던 책을 통해 당시를 추억하는 묘미를 느껴보길 바란다.

사물 인지용 그림책

사전도 얼마든지 재미있게 활용할 수 있다. 사전 형식으로 되어 있을 뿐, 아이들이 보는 여러 가지 책 중의 하나라고 생각하면 부담이 덜하다. 익숙한 사물 위주로 먼저 전체를 넘겨봐도 좋다. 아이가 아는 그림이 나오면 영어로 표현해보기도 한다. 아는 단어부터 시작해서 모르는 단어로 점점 확장해나가면 된다. 관심 있는 부분을 수시로 넘겨보는 그림책이라 생각하면 될 것이다. 단어의 의미를 영어로 이해하기에 좋고, 단어가 문장 안에서 어떻게 쓰이는지 자연스럽게 습득하게 된다. 영어 그림책과 함께 사전을 펼쳐보는 것도 일상이 되도록 해주자.

오디오 CD 익숙하게 들려주기

사전에 CD가 포함되어 있다면 평소에 꾸준히 들려주도록 하자. 하루 듣기 시간을 충분히 채워주려 할 때 틈틈이 틀어주면 좋다. 알고 싶은 단어가 있는 경우에는 해당 문장을 읽어주어도 좋다. 하지만 매번 읽어줄 여유가 없다면 CD를 자주 들려준다. 원어민의 발음을 들을 수 있으니 더욱 좋다.

영어 사전으로 하는 신나는 퀴즈 놀이

사전은 다른 책과 함께 언제든지 볼 수 있도록 손 닿는 가까운 곳에 두기를 추천한다. 주로 생활하는 동선을 고려해 식탁 주변이나 거실 소파 근처에 놓았더니 아이들이 틈틈이 보았다.

편안한 시간에 사전으로 간단한 퀴즈 놀이를 해보면 어떨까? 단어가 쓰인 문장을 엄마가 읽으면, 아이들이 생각나는 단어를 말해보는 식이다. 주로 아이들이 알 만한 단어 위주로 물어보았기에 즐거운 퀴즈 타임을 보낼 수 있었다.

아이가 문자를 조금 인지하거나 문장을 읽을 수 있는 정도라면 역할을 반대로 해도 좋다. 아이가 문장이나 단어의 정의 부분을 읽으면 엄마가 해당 단어를 말하는 것이다. 아이들은 문장을 유창하게 읽기도 하지만, 잘 모르는 부분이 있다면 그림을 보면서 자신만의 표현으로 문장을 말하기도 한다. 만일 문장을 읽지 못한다고 해도 걱정할 필요가 없다. 아이가 표현하는 만큼 엄마가 이해하고 대답하면 되는 것이다. 엄마도 정답을 모를 수 있다는 사실이 아이에게는 놀이를 더욱 즐겁게 해주기도 한다. 영어책 읽기와 더불어 어린이 영어 사전도 적극적으로 활용해보자.

4장

영어는 듣기부터
시작이다

소리 노출을 위한
준비 과정

부모 세대의 영어 공부 방법을 생각해보면 대부분 읽기나 쓰기 등 텍스트 위주의 수업 중심이었다. 오랫동안 영어에 시간과 돈을 투자하고도 여전히 듣기와 말하기가 어려운 이유다. 듣기를 하더라도 아주 형식적으로 진행되거나, 영어 감각을 익힐 정도로 충분한 시간이 주어지지 않았다. '듣기를 해결하지 않고서는 영어에서 자유로워지기는 힘들겠구나.' 하는 생각을 했다.

아이가 태어나고 다음 해 우연히 서점에 갔다가 이남수의 『엄마, 영어방송이 들려요!』라는 책을 보게 되었다. 그 책에서는 무엇보다 영어 듣기의 중요성을 강조하고 있었는데, 지금처럼 엄마표 영어 관련 책이 많지 않은 상황에서 나에게 희망이 되는 메시지였다. 듣기가 언어를 배우는 가장 자연스러운 첫걸음이라는 생각에 확신을 갖게 되었다. 가장 손쉽게 듣기 환경을 마련하는 방법은 오디오 음원을 활용하는 것과 영상을 보면서 듣는 것이다. 두 가지를 병행하며 생활 속에서 듣기가 자연스럽게 이루어지도록 했다.

듣기의 효과는 상상 이상이다. 일정 시간 이상 충분히 듣는 것은 읽기의 확장은 물론이고 말하기와 쓰기의 영역과도 밀접하게 연결되어 있다. 엄마가 하루 종일 책을 읽어줄 수도 없고, 아이가 계속 혼자서 책을 읽는 것도 한계가 있다. 이때 활용할 수 있는 것이 오디오 음원이다. 듣기를 위해 가장 큰 역할을 한 것은 어학용 오디오였다. 하도 많이 들어서 기기가 고장 난 적이 있을 정도로 영어 듣기 노출에 큰 도움이 되었다.

오디오는 거실에 메인으로 하나, 아이들 방에 각각 이동용 오디오 하나씩을 놓아두었다. 읽으며 들을 타이밍에 흐름이 끊기지 않게 바로 들을 수 있도록 하기 위함이었다. 지금은 스마트폰 앱이나 유튜브 등 다양한 장치를 이용하겠지만, 오디오를 틀 경로를 찾다가 시간이 걸리거나 다른 곳으로 시선이 분산될 우려도 있다. 아이들이 손쉽게 사용할 수 있는 어학용 오디오를 일정한 장소에 두고 원할 때 소리를 들을 수 있도록 하는 것이 좋다. 현실에 맞게 디지털과 아날로그를 적절하게 병행해서 가정마다 효율적인 듣기 방법을 고려해보면 좋겠다.

습관이 되면 듣기가 쉬워진다

습관이 되면 과연 듣기의 문제가 해결될까? 매일 일정 시간 영어 노출이 꾸준히 이루어진다고 생각해보자. 이 시간 동안 누적된 양을 결코 무시할 수 없다. 습관의 사전적 의미는 '어떤 행위를 오랫동안 되풀이하는 과정에서 저절로 익혀진 행동 방식'이다. 즉 일상에서 반복된 행동이 의식하지 않아도 자연스럽게 나타나는 것이다.

편안하게 영어를 들을 수 있는 시간이 언제인지를 떠올려보자. 의외로 하루 중 많은 시간이 자기도 모르는 사이에 흘러간다. 무의미하게 보내는 시간을 영어 소리를 들을 수 있는 알찬 시간으로 바꾸어보자. 처음에는 습관이 되지 않아 힘들 수 있다. 하지만 아침, 오후 시간이나 아이들이 놀이하는 시간 등을 이용해 영어 소리를 들려줘보자. 현재 읽고 있는 책의 CD나 영상의 소리를 들려주도록 한다. 평소에 반복이 이루어지기 때문에 가장 편안한 접근 방법이 될 수 있다.

"아이들이 집중해서 듣고 있을까?" "아직 영어를 잘 못하는데 이렇게 듣는다고 좋아질까?" 하는 의심은 전혀 가질 필요 없다. 이미 들었던 내용인 데다, 듣다 보면 단어 하나, 단어 몇 개의 결합, 문장으로 이해하는 수준이 점차 높아진다. 일상생활을 하고 있으니 집중하지 않는 것처럼 보이기는 한다. 하지만 놀고 있으면서도 귀를 기울이는 순간도 있다. 영어를 익숙하게 만드는 게 중요하다. 이

것이 바로 영어 노출의 작은 시작이다. 반복이 습관이 되고, 습관이 언어를 자연스럽게 습득하게 한다. 하루에 얼마 되지 않는 시간인 것 같지만, 꾸준히 하다 보면 엄청난 양을 축적할 수 있다.

영어를 들을 수 있는 환경으로

우리 집에서 영어는 늘 가까이에 있었다. 아이들이 깨어날 즈음 영어 오디오 버튼을 누르는 것으로 하루를 시작했다. 주로 전날 밤에 들었던 오디오의 음원이 재생되었다. 오디오를 들으며 서서히 잠에서 깨어나도록 여유 시간을 두었다. 매일 들으니 영어라고 인식할 필요도 없이 익숙한 소리가 뇌를 깨워주는 것이다. 아침 시간만 해도 거의 1시간은 들을 수 있는 시간이 확보된다. 물론 오디오를 재생시키면 시끄럽다며 끄라고 하는 아이도 있을 것이다. 오디오를 듣는 것이 습관이 안 된 경우는 이를 소음으로 받아들일 수 있다. 이런 경우 가장 익숙한 소리부터 들려주거나 알고 있는 영어 노래로 시작해본다.

별다른 거부 반응을 보이지 않으면, 즐겁게 놀고 있는 오후 시간에 시도해보거나 천천히 다른 시간대로 시간을 늘려가면 된다. 재미있게 보고 있는 책이나 영상의 소리를 틀어놓아도 된다. 아침밥을 먹거나 학교 갈 준비를 하며 소리를 듣는 시간이 매일 쌓인다고 가정해보자. 매일 아침 1시간이 10년이면 3,650시간이다. 자칫 의미 없이 흘려보낼 수 있는 시간을 어떻게 하느냐에 따라 의미 있는 시간으로 만들어나갈 수 있다.

듣기가 충분하면 아웃풋은 저절로

소리 노출은 나무가 땅으로 깊이 뿌리내리는 과정인 인풋의 시기다. 시간을 조금 투자했다고 바로 원하는 결과가 나오는 건 아니기에 조급할 필요는 없다. 그릇의 물이 넘치기 이전에는 아무런 변화가 없어 보인다. 말 그대로 차고 넘칠 정도가 되도록 듣기에 시간을 많이 투자해야 한다. 우리 아이들의 경우 읽기가 자연스럽게 진행된 것도 듣기가 시너지를 일으킨 결과다. 기본이 튼튼하지 않은 상태에서의 영어는 갈수록 시간과 노력 대비 효율이 떨어질 수 있다. 듣기 과정 없이 단어 암기나 문장 독해 위주의 영어를 한다면 시간이 지날수록 힘들어질 가능성이 높다. 단지 중·고등학교에서 점수를 잘 받기 위한 공부에 초점이 맞춰지면, 전반적인 영어 실력 향상이 아닌 시험에 맞는 공부밖에 할 수 없을 것이다. 시험만을 위한 접근으로는 한계가 있기 마련이다.

유아, 초등 시기에는 자연스러운 언어 습득에 집중해도 충분하다. 학습이라는 부담 없이도 원서를 읽고, 영상을 보면서 듣기가 해결된다면 이보다 더 좋은 방법은 없을 것이다. 중·고등학교 때까지도 듣기는 계속되어야 하고, 학원에 다니더라도 소홀히 해서는 안된다. 과정을 먼저 충실히 하면 열매는 저절로 맺어진다.

외고에서 통하는 엄마표 영어의 힘

영어 듣기는 기초를
튼튼하게 만드는 과정

듣기에서 읽기로의 확장

어릴 때부터 아침마다 오디오를 들었더니 어느 순간부터는 아이 스스로 침대 옆에 있는 오디오 버튼을 눌러 영어를 들으면서 아침을 시작했다. 이미 들었던 내용을 누적 반복하는 경우가 많다 보니 의미 파악은 저절로 원활해졌다. 그렇게 들었던 수많은 문장이 읽기로 전환되고, 다시 책 읽기가 바탕이 되어 듣기 강화로 연결되는 선순환이 이루어졌다.

책의 단계가 약간 어려워질 때도 CD의 도움을 받아 읽기를 진행했다. 소리에 집중하며 전체적인 흐름과 의미를 알아가다 보면

CD의 속도가 점점 느리게 들리는 것처럼 느껴지는 시점이 온다. 눈으로 읽는 속도가 빨라지면 아이가 먼저 CD 없이 그냥 읽겠다고 했다. 자신이 눈으로 읽는 속도보다 성우가 읽어주는 속도가 느리니까 답답했기 때문이다. 듣기를 원하지 않을 때는 묵독하면서 책의 흐름을 이해하면 되지만, 그래도 듣기는 언제나 영어의 중심에 있어야 한다.

임계량 채우는 시간을 견뎌라

인풋의 중요성을 이야기할 때 임계량이라는 단어를 사용한다. 일정 수준이 넘기 전까지는 아무런 반응이 없는 듯 보이지만 듣기를 자유롭게 하기까지 차고 넘치는 노출이 반드시 전제되어야 한다는 말이다. 임계점에 도달하기까지 절대적인 노출 시간이 필요함에도 많은 사람이 이 기간을 견뎌내지 못한다. 결과가 빨리 나타나지 않기에 끝까지 실천하기가 쉽지 않은 것이다. "엄마"라고 말하는 게 빠른 아이가 있고, 말문이 늦게 터지는 아이도 있다. 다른 아이와 시기상의 차이가 있을 뿐이다.

단편적인 단어만을 나열하다가 문장을 말하기까지 오랜 시간이 걸리기도 하지만, 기다려주면 아이들은 결국 해낸다. 꾸준히 한다면 아웃풋에 대한 고민을 미리부터 할 필요는 없다. 원하는 수준에 이르기 전에 "우리 아이는 안 돼." "영어를 너무 어려워해서 절대 할 수 없어."라면서 미리 포기하지 않았으면 한다. 결과에 집착하면 현재 아이 모습이 잘 파악되지 않는다. 아이의 성장을 바라보는 것이 아니라 실력을 위해 아이를 필요 이상으로 재촉하게 된다. 아이가 충분히 영어를 즐길 수 있는 '보이지 않는 시간'이 필요하다. 바로 그 시간이 영어가 성장하는 시간이다.

절대적인 듣기 시간 확보

듣기의 중요성은 충분히 알고 있으면서도 듣기에 많은 시간을 쏟지 않거나 그럴 시간을 마련하기 어려워할 수 있다. 하지만 학년이 올라갈수록 영어 수업은 주로 교과서나 프린트 위주의 텍스트 수업으로 이루어져 듣기를 할 시간이 거의 없는 것이나 마찬가지다. 유아와 초등 시기에 듣기 환경을 마련하는 데 더욱 관심을 기울여야 하는 이유다. 영어를 유창하게 하기 위한 전제 조건은 바로 듣기다. 특히 영어를 외국어로 접하는 상황에서 특히 듣기를 채우지 않고는 영어 실력을 뒷받침하기 어렵다. 설사 학원을 다닌다 하더라도 영어를 충분히 들을 수 있는 환경이 유지되어야 한다.

듣기는 말과 글로 생각을 표현하는 능력을 키워주는 기본적인 요소다. 단순한 의사소통을 넘어서 논리적으로 자신의 의사 표현을 할 수 있고, 상대방을 설득할 수 있을 정도의 토론 능력을 키우려면 말하기에 앞서 듣기를 탄탄하게 다져야 한다. 진정한 의미의 소통 능력은 듣기에서 출발한다.

외고에서 통하는 엄마표 영어의 힘

어떻게 들려주어야
효과적일까

아이들이 언어를 흡수하는 능력을 스펀지에 비유하곤 한다. 이는 사실 어떤 환경을 만들어주었는가에 따라 달라진다. 영어를 잘하고 즐길 수 있으려면 매일 꾸준히 듣기 노출이 필요하다.

여기에 다양한 듣기 방법을 구분해놓았지만, 용어 자체를 너무 민감하게 받아들이지 않기를 바란다. 아이가 선호하는 방법 위주로 진행하고, 상황에 따라 다른 방법도 같이 사용하며 적절하게 균형을 유지하면 된다. 영어를 꾸준히 접해왔다면 용어를 가지고 아이들의 영어를 규정할 필요가 없다. 아이에게 맞는 방법으로 꾸준히 하는 것이 최고의 방법이다. 어떤 방법이든 장단점이 있기 마련이다. 단점만을 생각하고 아무 시도도 하지 않으면 어떤 것도 이루어낼 수 없다. 아이가 좋아하면서 상황에 맞게 효과적인 방법으로 진행해보자.

흘려듣기

흘려듣기는 일상생활에서 영어에 계속 노출되게 하는 방법으로, 평상시에 영어책이나 영화 등의 음원을 수시로 들려주는 것을 말한다. 물론 영어를 전혀 모르는 상태에서는 무의미한 듣기가 될 수도 있다. 소리만 들려주면 "영어 듣기 싫어!" "아무것도 모르겠어!" 하며 거부하는 아이도 있을 수 있다. 이런 이유로 흘려듣기의 부작용에 대한 다양한 견해도 존재한다. 아이에게 맞게 적용해나가는 것이 가장 중요하다. 흘려듣기는 오랫동안 의미 있게 듣기를 유지하기 쉬운 방법이다. 흘려듣기의 효율을 높이려면 재미있고 쉬운 책으로 듣기를 계속해나가야 한다. 읽기와 동시에 듣기 시간을 지속해서 만들어야 한다. 엄마가 목소리로 들려주었던 영어 그림책, 함께 따라 불렀던 노래, 재미있게 봤던 영화부터 시작해도 좋다.

● 오디오 소리 흘려듣기

오디오로 영어 노출을 하는 방법이다. 아이가 익숙하게 알고 있는 노래부터 그림책이나 리더스북, 챕터북 듣기로 서서히 범위를 넓혀나간다. 영어 경험이 많지 않으면 듣기를 싫어하고 거부할 수 있다. 익숙하지 않아서일 수도 있고, 모르는 소리가 들려오니 소음으로 여길 수도 있다. 의미 있는 소리가 되려면 많이 들어서 익숙해져야 한다. 이미 들었던 문장을 또 들어서 다시 한번 확인하는 것이다. 아이들이 자유롭게 놀고 있는 시간이나 아침, 저녁처럼 틈나는 시간을 이용해보자. 소리를 듣고 있는 것 같지 않아도 아이들의 귀는 열려 있다. 블록 놀이에 집중하면서도 귀에 들리는 영어 소리를 알아낸다. 영어에 자연스럽게 반응하며 귀를 열어가는 과정이다. 조금만 지켜보면 귀로 들었던 것을 입으로 중얼거리며 놀고 있는 아이를 볼 수 있을지 모른다. 소리 노출을 풍부하게 해주는 것이 영어에 익숙하게 하는 핵심이다.

● 영상 흘려듣기

평소에 영상의 소리만 듣게 하는 방법이다. 책을 읽기 싫어하는 아이라도 영상은 대부분 좋아한다. 아이들이 즐겨 보았던 영상이나 현재 주로 보고 있는 영상물 중심으로, 아이들이 놀거나 다른 활동을 할 때 영상 들려주기를 시도해본다. 화면에 영상을 틀어놓고 보여주는 방법이 있고, 영상 소리만 들려주는 방법도 있다. 이동용 DVD 플레이어를 이 용도로 활용해도 좋다. 넷플릭스(www.netflix.com)나 유튜브(www.youtube.com)를 이용하는 것도 한 방법이다. 하지만 이런 사이트는 원하는 영상이 없을 수도 있고, 계속 영상을 찾다가 시간을 많이 소모하거나 관심사가 다른 곳으로 이동해버릴 수 있으니 주의해야 한다.

집중듣기

책을 함께 보며 오디오로 집중듣기 하는 방법과 영상 자체를 집중 듣기 하는 방법이 있다. 흘려듣기와 마찬가지로 집중듣기 역시 문제점이 제기되기도 한다. 어렵게 장단점을 생각하기보다 본질에 충실해서 듣기를 잘 유지하는 방법을 생각해봐야 한다. '이 책으로 집중듣기를 해서 아이의 영어 레벨을 올려야 해.' '영화로 집중듣기 해야 하니, 꼼짝하지 말고 집중해서 봐야 해.'라고 생각할 필요가 없다는 것이다. 조급해하지 말고 그 시간만큼은 아이가 편안하게 집중할 수 있도록 허락하는 편이 좋다. 편의상 흘려듣기와 집중듣기로 듣기를 구분했지만, 아이들도 나도 방법에 어떠한 제한을 두지 않았다. 형식에 너무 얽매이다 보면 정작 아이는 제대로 즐길 수 없게 된다. 책을 읽고 영상을 보는 즐거움에 중점을 두기로 한다.

● 오디오 소리 집중듣기

오디오 소리에 맞추어 글자를 눈으로 읽어나가는 것을 말한다. 넓은 의미에서는 읽기의 형태라고 볼 수 있다. 쉬운 책부터 시작하면 되는데, 리더스북이나 동화책 수준의 책은 완전히 읽지 못해도 소리의 도움을 받아 읽기 진행이 가능하다. 또한 읽을 수는 있어도 처음에는 속도가 나지 않는 경우가 있다. 이때 역시 듣기의 도움을 받아 책 읽기가 진행된다. 오디오를 들으며 듣기가 익숙해져 전체 스토리를 파악하고 흐름을 이해하기가 쉬워진다.

챕터북에 입문할 때, 소설 읽기에 진입했을 때 오디오를 들으며 책을 읽는 집중듣기의 도움을 받았다. 집중듣기를 하다가 눈으로 읽는 속도가 빨라지면 묵독으로 진행했다. 집중듣기를 할 때 섀도잉을 함께하면 좋다고 해서 시도해본 적이 있다. 우리말도 듣는 대로 따라 말하기는 절대로 쉽지 않다. 한 챕터 정도 들으면서 따라 말하기를 하게 해보니, 말하는 데 중점을 두어서인지 듣고 이해하는 데는 방해가 되었다. 무의미하게 속도를 따라가기에만 바빠서 바로 중지하고 더는 진행하지 않았다.

집중듣기를 할 때는 소리에 맞추어 책을 읽는 활동에만 집중했다. 듣기 이외의 활동으로 집중력을 분산시키지 말아야 한다. 듣기를 싫어하는 아이에게 집중듣기를 시키면 오히려 역효과가 날 수 있다. 매번 집중하고 있는지 엄마가 확인해야 하는 정도라면 하지 않는 편이 낫다. 오직 재미있는 스토리에 푹 빠져 읽을 수 있어야 집중듣기의 효과가 커진다. 좋아하고 재미있는 내용으로 오직 충실하게 집중듣기를 해보자. 온전히 소리에 집중할 수 있을 때 듣기의 감각이 생기고 영어의 세계가 넓어진다.

● 영상 집중듣기

재미있는 영상을 보는 것도 집중듣기의 한 부분이다. 영상만큼 아이들의 눈과 귀를 사로잡는 것은 없다. 책 읽기는 싫어해도 영상 보는 것을 좋아하는 아이는 많다. 우리 아이들은 TV 애니메이션과 단편 DVD, 온라인 동화 사이트, 영화 등 영상을 거의 하루도 거르지 않고 보았다. 두 아이가 가장 좋아하는 방법이기도 했다. 에피소드가 다양해서 같은 종류의 영상을 봐도 지루할 틈이 없다. 내용이 재미있으니 집중은 저절로 이루어진다. 영상 시청을 매일 할 수 있었던 이유다.

영상을 보면서 듣는 단어와 문장은 영상 속 상황의 흐름으로 자연스럽게 이해된다. 반복해서 들었던 문장은 영상에서 나오기 전에 먼저 말하는 때가 오는데, 많이 들었기 때문에 문장이 자연스럽게 말로 표현되는 것이다. 영어 영상은 두 아이의 듣기 능력을 키워준 최고의 방법이었다.

영어 듣기의
활용 자료

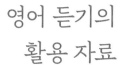

영어책과 영상 이외에 듣기 자료는 어떤 것이 좋을까? 책이나 영상 이외에도 항상 가까이에서 쉽게 접할 수 있는 자료가 많다. 나는 주로 노래 CD나 TV 뉴스, 다큐멘터리 채널을 이용했다. 우리말을 배울 때를 잠시 떠올려보자. 엄마가 책 읽어주는 소리, 가족과의 대화, TV나 라디오 등 매체를 통해 들려오는 소리, 아이들과 함께 책을 읽고 영상을 보며 들었던 소리 등 모든 것이 아이에게 언어 자극을 분명 주었을 것이다. 영어도 마찬가지다. 현재 자주 듣는 책이나 영상에서 흘러나오는 모든 소리가 영어 듣기의 자료가 된다. 듣기를 지속하려면 편안하게 접근 가능하고 매일 활용할 수 있는 자료가 있어야 한다.

영어 노래 익숙하게 들려주기

영어 노래야말로 유아기에 귀를 열어주는 최적의 도구다. 처음 구매한 책은 듣기 자료가 함께 있는 『Wee Sing For Baby』와 『Brown Bear, Brown Bear, What Do You See?』 2권이었다. 영어 환경을 만들어주리라 마음은 먹었지만 무엇부터 해야 할지 막막하던 때였는데, 인터넷에서 자료를 찾아보며 방향을 찾아나갔다.

『Wee Sing For Baby』는 집에서 또는 어딘가로 이동할 때 가장 많이 들었던 보물 같은 음악집이다. 선율이 아름답고 듣기에도 편안하다. 특히 아이들의 목소리로 녹음된 부분은 단연 압권이다. 아이들이 말하고 웃고 행동하는 모습이 눈앞에 그려질 정도다. '위 싱' 시리즈 제목에서 알 수 있듯이 CD마다 특징이 있기에 원하는 주제별로 구매해도 좋다. 반복되는 어구나 귀에 익은 노래가 많아 흥얼거리며 따라 부르기도 좋다. 특별히 외우려 하지 않아도 가사가 저절로 외워지는 것이 많다. 흥겨운 멜로디는 아이들의 정서적 안정에도 도움이 된다. 영어의 운율, 리듬, 라임을 익힐 수 있을 뿐만 아니라 문화를 알아가는 계기가 될 수 있다. 아름다운 노래로 아이의 귀를 열어주자.

『Wee Sing and Play』 『Wee Children's Song and Fingerplays』 등 아이들이 '위 싱' 노래를 좋아해서 하나둘 사다 보니 관련 책과

외고에서 통하는 엄마표 영어의 힘

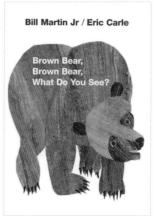

▲ 『Wee Sing For Baby』   ▲ 『Brown Bear, Brown Bear, What Do You See?』

CD가 거의 10개나 되었다. 우리 집처럼 너무 많이 마련할 필요는 없다. 필요하다고 생각하는 대표적인 것 2~3개 정도만 준비해서 충분히 귀에 익을 수 있도록 들려주어도 된다.

● **마더구스**

마더구스(Mother Goose)는 너서리 라임(nursery rhyme)이라고도 한다. 영어권에서 부르는 전래 동요나 동시를 말하기도 하고, 이것을 수집한 '마더구스'라는 여인을 나타내는 말이기도 하다. 영미
문화에 내재되어 있는 정서와 시대상을 알 수 있다. 우리나라에서 전래 동요를 부르듯이, 영어권 아이들은 마더구스를 통해 언어와

문화를 알아간다. 반복되는 어구들이 많아서 따라 부르기도 쉽고, 라임과 운율을 자연스럽게 귀와 입에 익히게 된다. 〈떴다 떴다 비행기〉와 멜로디가 같은 〈Mary Had a Little Lamb〉, 그리고 〈Twinkle Twinkle Little Star(반짝반짝 작은 별)〉 등 이미 우리가 친숙하게 알고 있는 음악이 많이 있다. 익숙한 노래를 들으며 영어 감각을 길러 나갈 수 있다.

다양한 논픽션 들려주기

● 내셔널 지오그래픽

내셔널 지오그래픽(National Geographic)은 영어 듣기와 논픽션을 동시에 해결한 매체다. 우리 아이가 초등 고학년 때부터 고등학

교 때까지 아침에 등교하기 전 주로 이용했다. 내셔널 지오그래픽 채널은 자연, 과학, 문화, 역사 프로그램과 다큐멘터리를 방송한다. 흥미로운 주제가 방영되면 집중해서 볼 만큼 몰입도가 높았고, 아이들 눈높이에서 생각해볼 만한 주제를 많이 다루었다.

● 냇 지오 와일드

냇 지오 와일드(Nat Geo Wild)는 내셔널 지오그래픽 와일드(National Geographic Wild)의 약칭이다. 야생동물과 자연의 모습을 생생하게 다룬 다큐멘터리 형식의 TV 프로그램으로, 과학에 관심이 많은 두 아이에게 자연스럽게 논픽션을 접할 수 있게 해주었다. 아마존이나 아프리카 등 대자연의 모습을 방영할 때가 많다. 자연에서 치열하게 생명을 유지하는 동물 세계의 약육강식과 생동감 넘치는 모습을 볼 수 있다. 이것 역시 내셔널 지오그래픽과 함께 등교

전 아침 시간을 활용해 시청했다. 2개의 다큐멘터리 채널을 통해 영어와 논픽션을 동시에 만나보자.

● CNN

   뉴스 프로그램을 24시간 보도하는 미국 생방송 채널이다. CNN 역시 내셔널 지오그래픽과 함께 우리 아이가 초등 고학년 때부터 아침 시간에 주로 시청했다. 세계 곳곳에서 일어나는 소식을 전해 들을 수 있어서 시사 정보를 파악하는 데도 유용했다. 우리나라와 관련된 뉴스는 아이들이 더욱 관심을 가지고 보기도 했다. 내셔널 지오그래픽과 뉴스 채널을 그날 상황에 따라 보고 싶은 대로 선택해서 보았다.

● 테드(www.ted.com)

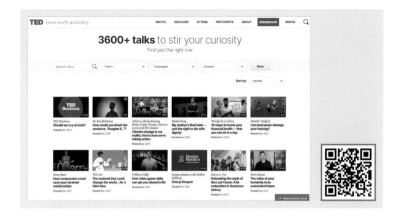

뉴스나 다큐멘터리보다 빈도수는 낮았지만, 중·고등학교 때 종종 활용한 매체다. 현재나 미래에 다가올 기술과 미래의 모습 등 관심 가질 만한 주제 위주로 테드 홈페이지를 이용해 시청했다. 강연 시간이 길지 않아서 시간적 여유가 없을 때 보기 좋다.

테드(TED; Technology, Entertainment, Design)는 미국의 비영리 재단에서 운영하는 강연회다. 정기적으로 기술, 오락, 디자인 등과 관련된 강연회를 개최한다. 최근에는 과학에서 국제적인 이슈까지 다양한 분야를 다루고 있다. 강연은 18분 이내로 이루어지며, 이 강연 하나하나를 '테드 톡스(TED Talks)'라 한다. '알릴 가치가 있는 아이디어(Ideas worth spreading)'가 강연의 모토라고 한다.

5장

파닉스, 리더스북,
챕터북, 소설 활용법

파닉스와 사이트 워드
쉽게 알아가기

파닉스가 영어의 시작은 아니다

파닉스는 소리와 글자의 상호 관계를 알아가는 발음 중심의 학습법이다. 영어를 시작한다고 하면 대부분 파닉스 과정에 먼저 관심을 많이들 둔다. 문자를 읽는다는 것은 한 단계 높은 차원으로의 변화다. 읽기는 이미 들었던 소리를 문자로 인지하고, 다시 소리로 전환하는 과정이다. 듣기를 충분히 해왔던 아이들은 특별히 파닉스 과정 없이도 문자를 알게 되기도 한다.

만일 파닉스가 꼭 필요하다고 생각한다면 너무 오랜 시간 매달리지 말고 단기간 진행하는 것도 한 방법이다. 더불어 쉬운 읽기 책과 병행하는 것이 효과적이다. 책을 읽고 오디오와 영상 보기를 병행해 영어가 충분히 내재된 상태에서 파닉스의 원리를 알아가는 것이 훨씬 접근하기 쉽기 때문이다. 영어의 배경이 전혀 없는 상태에서의 파닉스 수업은 자칫 지루한 학습이 될 가능성이 있다. 따라서 파닉스도 영어 소리를 충분히 들은 토대 위에서 시작해야 한다. 익숙하게 들었던 것을 문자로 확인하고 소리와의 관계를 알아가는 것이 자연스러운 방법이다. 다만 파닉스를 단순 반복으로 오해해 그 시간을 무의미한 읽기로 보내지 않도록 해야 한다.

파닉스도 듣기가 먼저다

듣기는 영어를 하는 모든 과정에서 필수 요소다. 파닉스를 하더라도 충분한 듣기가 선행되어야 한다. 엄마가 읽어주는 책을 듣거나 오디오와 영상물을 통해 영어를 먼저 접하는 과정이 필요하다. 처음 아이에게 영어 동화책을 읽어주기 시작했을 때 나는 파닉스에 얽매이지 않고 책을 읽어주는 데만 집중했다. 쉽고 재미있는 책을 읽어주고, 지속적인 듣기 환경으로 서서히 영어책 읽기가 가능해지자 파닉스 과정이 굳이 필요 없었다.

영어를 늦게 시작했거나 단기간에 읽기를 배워야 하는 아이가 있을 수 있다. 이런 경우 문자를 읽는 기본 원리를 알려주는 파닉스

외고에서 통하는 엄마표 영어의 힘

과정은 일시적인 대안이 될 수 있다. 이때도 물론 무의미한 문자 읽기가 되지 않도록 듣기가 함께 이루어져야 한다. 파닉스만을 위한 수업이 아니라, 쉬운 책으로 읽기 연습을 병행하며 빠르게 읽기의 기초를 쌓는 방법이 더욱 효과적이다.

아이가 문자를 모르는데 외워서 말한다고 걱정하는 분을 만난 적이 있다. 많이 들은 상태에서 소리를 먼저 외우게 된 것이다. 외워서 말하는 것이 단어일 수도 있고 문장일 수도 있다. 머릿속에 입력된 소리를 입 밖으로 표현하는 것으로, 그만큼 많이 들었다는 증거다. 소리로 듣고 익히는 것에서 문자 읽기로 가는 과도기적인 시기인데, 아이가 통째로 단어나 문장을 외우다가 읽기의 원리를 알아가니 걱정할 필요는 없다. 자신도 모르게 외워진 문장을 말하다가, 점점 문자에 익숙해지면서 읽기 독립을 이루게 된다. 엄마가 그림책을 읽어주거나 영상물을 보고 듣는 충분한 인풋이 이루어지도록 해야 한다. 듣기가 충분한 상태에서 문자 읽기를 시작해야 효과적이고 의미 있는 읽기 독립이 가능하다.

글을 읽는다는 것은 문자를 읽고 의미 파악까지 가능한 상태를 말한다. 사실 문자를 인식하기 이전에 엄마가 책을 읽어주는 소리, 오디오, 영상 등 충분한 인풋이 있었다면 특별히 읽기의 규칙을 배우는 파닉스 과정이 없어도 책 읽기가 가능하다.

사이트 워드 익히기

사이트 워드(sight words)는 'high frequency words'라고도 하는데, 영어 문장에서 가장 빈번하게 사용되는 단어다. 예를 들어 the, and, a, to, I, this, have, is, can 등 눈으로 보고 바로 알 수 있는 단어들이다. 파닉스를 배워도 규칙에서 예외적인 적용을 받는 단어들이 많아 자주 봐서 눈에 익히는 것이 좋다. 기본 사이트 워드를 출력해서 벽에 붙여놓고 오가며 보여주는 것도 방법이다. 아주 쉬운 영어 그림책이나 초기 리더스북 단계에서 사이트 워드로 이루어진 문장을 많이 볼 수 있다. 다시 말해 기본적인 사이트 워드를 알고 있으면 쉬운 단계의 책 읽기가 가능하다는 의미다.

들기가 튼튼히 되어 있다면 단어와 문장을 읽는 것도 훨씬 수월하다. 처음에는 읽는 속도가 느릴 수 있지만 읽기를 꾸준히 하면 점차 자신감을 가지게 된다. 간단한 리더스북이나 그림책에서 사이트 워드 위주로 아이가 읽는 연습을 시도해보면 좋다. 처음 영어를 배우는 시기의 책은 페이지마다 한 단어 또는 한 문장으로 이루어진 책이 많다. 아이가 사이트 워드 위주로 읽고 나머지 부분은 엄마가 읽어주어도 좋다. 그러다 보면 해당 그림이 어떻게 단어와 문장으로 쓰이는지 알아가게 된다. 읽기의 두려움을 없애고 문자에 적응하게 만드는 과정이다. 이러한 시도를 반복하면서 성취감과 읽기의 자신감을 느끼게 된다.

파닉스와 사이트 워드 참고 자료

● 비트윈 더 라이온스(Between the Lions)

아이들이 문자를 익히면서 읽기 능력을 향상하고 독서를 장려하기 위해 만들어진 미국 애니메이션 시리즈다. 도서관에 사는 귀여운 사자 가족 이야기로 다양한 설정을 통해 소리와 글자를 배워가도록 구성되어 있다. 우리 아이가 3세 전후부터 유아기까지 즐겁게 시청했던 프로그램이다. 아이들의 눈높이에 맞게 이야기와 결부해서 단어의 원리를 자연스럽게 알도록 한다. 그 덕분에 파닉스라는 것도 인식하지 않은 채 자연스럽게 읽기를 할 수 있었다. 동물 캐릭터와 함께 다양한 사람이 등장해서 이야기를 들려주고 노래하고 책을 읽어주면서 책 읽기에 관심을 가질 수 있게 한다.

● 스타폴닷컴(starfall.com)

　　스타폴닷컴은 알파벳 대·소문자는 물론 철자의 음가부터 단어와 문장 읽기까지 다양하게 읽기의 소스를 제공하는 사이트다. 유아기에서 초등 저학년 때까지 가장 많이 이용했던 사이트 중 하나다. 'Learn to Read' 'It's Fun to Read' 'I'm Reading' 등 아이들이 읽기에 흥미를 느낄 수 있도록 자료를 다양하게 구성해놓았다. 소리와 글자의 파닉스 원리를 파악하며 읽기를 확장해나갈 수 있다. 상단 메뉴에서 'Parent-Teacher Center' 코너의 'Free Resources'에는 알파벳과 수학, 단어와 그림, 읽기와 쓰기 자료 등 다양한 활동 워크시트를 프린트해서 사용할 수 있도록 제공하고 있다.

외고에서 통하는 엄마표 영어의 힘

● 닥터 수스 홈페이지(seussville.com)

닥터 수스(Dr. Seuss)는 미국의 작가이면서 만화가로, '파닉스' 하면 대표적으로 떠오르는 인물이다. 그의 작품들은 모두 언어습득 이론과 아이들의 흥미와 인지적 능력을 고려했다고 한다. 기본적인 단어와 사이트 워드를 이용해 아이들이 좋아할 만한 이야기를 담고 있다. 아이들이 두려움 없이 즐겁게 읽기에 자신감을 가질 수 있도록 했다. 대표적인 작품으로『Dr. Seuss' ABC』『The Cat in the Hat』『Hop on Top』등이 있다. 특히『Ten Apples Up on Top!』은 75개의 기본 단어만으로 아이들이 충분히 흥미를 느낄 수 있도록 이야기를 구성하고 있다. 닥터 수스의 책들은 재미있는 소재인 데다 리듬과 라임이 살아 있어 자신감을 가지고 읽기를 시도해나갈 수 있다. 많이 듣고 소리 내어 읽으며 읽기의 기초를 쌓아가보자.

● **돌체 사이트 워드**(sightwords.com/sight-words/dolch/)

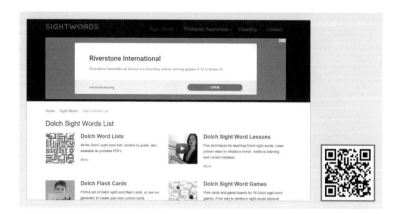

　돌체 사이트 워드 리스트는 학령기 전부터 3학년까지 단계별 기본적인 빈출 어휘와 빈출 명사를 포함하고 있다. 아이들이 생활하는 곳에 붙여두고 자주 봐서 눈에 익숙하게 하면 좋다. 사이트 워드는 파닉스 규칙에 벗어나는 것들이 있어서 통으로 익히고 외우는 것이 좋다.

　다음은 돌체 사이트 워드 홈페이지에서 참고한 그룹별 리스트다. 220개의 사이트 워드와 95개의 빈출 명사를 포함한다. 홈페이지에서 PDF 파일로 자료를 내려받을 수 있으며, 알파벳 순서대로 정리된 전체 사이트 워드는 QR코드를 인식해 다운로드할 수 있다.

유치원 입학 전 어린이(Pre-K Dolch Sight Words)

1	a	21	look
2	and	22	make
3	away	23	me
4	big	24	my
5	blue	25	not
6	can	26	one
7	come	27	play
8	down	28	red
9	find	29	run
10	for	30	said
11	funny	31	see
12	go	32	the
13	help	33	three
14	here	34	to
15	I	35	two
16	in	36	up
17	is	37	we
18	it	38	where
19	jump	39	yellow
20	little	40	you

유치원생(Kindergarten Dolch Sight Words)

1	all	3	are
2	am	4	at

5	ate	28	please
6	be	31	ride
7	black	32	saw
8	brown	33	say
9	but	34	she
10	came	35	so
11	did	36	soon
12	do	37	that
13	eat	38	there
14	four	39	they
15	get	40	this
16	good	41	too
17	have	42	under
18	he	43	want
19	into	44	was
20	like	45	well
21	must	46	went
22	new	47	what
23	no	48	white
24	now	49	who
25	on	50	will
26	our	51	with
27	out	52	yes

외고에서 통하는 엄마표 영어의 힘

1학년(First Grade Dolch Sight Words)

1	after	22	let
2	again	23	live
3	an	24	may
4	any	25	of
5	as	26	old
6	ask	27	once
7	by	28	open
8	could	29	over
9	every	30	put
10	fly	31	round
11	from	32	some
12	give	33	stop
13	going	34	take
14	had	35	thank
15	has	36	them
16	her	37	then
17	him	38	think
18	his	39	walk
19	how	40	were
20	just	41	when
21	know		

2학년(Second Grade Dolch Sight Words)

1	always	24	or
2	around	25	pull
3	because	26	read
4	been	27	right
5	before	28	sing
6	best	29	sit
7	both	30	sleep
8	buy	31	tell
9	call	32	their
10	cold	33	these
11	does	34	those
12	don't	35	upon
13	fast	36	us
14	first	37	use
15	five	38	very
16	found	39	wash
17	gave	40	which
18	goes	41	why
19	green	42	wish
20	its	43	work
21	made	44	would
22	many	45	write
23	off	46	your

외고에서 통하는 엄마표 영어의 힘

3학년(Third Grade Dolch Sight Words)			
1	about	22	laugh
2	better	23	light
3	bring	24	long
4	carry	25	much
5	clean	26	myself
6	cut	27	never
7	done	28	only
8	draw	29	own
9	drink	30	pick
10	eight	31	seven
11	fall	32	shall
12	far	33	show
13	full	34	six
14	got	35	small
15	grow	36	start
16	hold	37	ten
17	hot	38	today
18	hurt	39	together
19	if	40	try
20	keep	41	warm
21	king		

명사(Noun Grade Dolch Sight Words)

1	apple	25	day
2	baby	26	dog
3	back	27	doll
4	ball	28	door
5	bear	29	duck
6	bed	30	egg
7	bell	31	eye
8	bird	32	farm
9	birthday	33	farmer
10	boat	34	father
11	box	35	feet
12	boy	36	fire
13	bread	37	fish
14	brother	38	floor
15	cake	39	flower
16	car	40	game
17	cat	41	garden
18	chair	42	girl
19	chicken	43	goodbye
20	children	44	grass
21	Christmas	45	ground
22	coat	46	hand
23	corn	47	head
24	cow	48	hill

외고에서 통하는 엄마표 영어의 힘

49	home	73	school
50	horse	74	seed
51	house	75	sheep
52	kitty	76	shoe
53	leg	77	sister
54	letter	78	snow
55	man	79	song
56	men	80	squirrel
57	milk	81	stick
58	money	82	street
59	morning	83	sun
60	mother	84	table
61	name	85	thing
62	nest	86	time
63	night	87	top
64	paper	88	toy
65	party	89	tree
66	picture	90	watch
67	pig	91	water
68	rabbit	92	way
69	rain	93	wind
70	ring	94	window
71	robin	95	wood
72	Santa Claus		

그림책으로 영어의
재미 알아가기

그림책으로 상상력을 자극하라

그림책은 그림이 주가 되어 스토리를 담고 있는 책을 말한다. 그림 자체로 의미 파악이 가능한 쉬운 그림책부터 어려운 어휘와 내용이 포함된 것까지 선택의 폭이 다양하다. 그림책을 통해 영미권 문화와 정서를 간접적으로 접할 수 있다는 장점도 있다. 영어 그림책은 우리 아이들이 리더스북과 함께 유아기에 많이 읽었던 책이다. 책을 읽기 전에 앞뒤 표지를 훑어보며 이야기를 나누는 것은 아주 즐거운 일 중 하나였다. 그림책 표지에는 작가가 말하고자 하는 핵심 내용이 모두 들어 있기 때문이다. 표지에 그려진 주인공의 표정을

외고에서 통하는 엄마표 영어의 힘

▲ 『Changes, Changes』

▲ 『School Bus』

보며 그의 감정을 예상해보고, 어떤 일이 전개되는지 추측해볼 수 있다. 이 과정에서 아이의 상상력과 창의력이 쑥쑥 자란다.

팻 허친스(Pat Hutchins)의 『Changes, Changes』처럼 글자가 하나도 없는 그림책도 있다. 아무런 글자가 없기에 그림을 보며 마음껏 상상하는 재미가 있다. 아이들의 시선으로 그림을 이해하고, 작가가 되어 이야기를 직접 만들어나가기도 한다. 도널드 크루스(Donald Crews)의 『School Bus』는 아이가 노란색 스쿨버스를 타고 싶게 만든 책으로, 한창 탈것에 관심이 많은 무렵에 읽어서 아이가 엄청 좋아했다. 교통수단을 소재로 관심 있는 그림을 보고 충분히 이야기를 나누는 계기가 되었다.

내용을 상상하며 제목과 작가 이름을 보고, 삽화가가 따로 있다면 삽화가의 이름까지 천천히 읽어보자. 책 속의 글만 빠르게 읽고 지나가는 것이 책 읽기의 핵심은 아니기 때문이다. 너무 빨리 페이지를 넘길 필요도 없고 아이의 속도대로 그림책을 천천히 보길 바란다. 아이들의 상상력을 자극하고 책에 대한 호기심을 일깨우는 최고의 시간이 되어줄 것이다.

쉬운 그림책으로 시작하자

아이들 눈높이에 맞는 쉬운 그림책부터 충분히 즐겨라. 반복되는 문장이나 한두 문장이 있는 쉬운 그림책으로 시작하면 영어의 재미를 알게 하는 데 도움이 되며, 그림을 보고 단어와 문장을 이해하게 하는 장점이 있다. 작가가 전하고자 하는 내용이 그림으로 알맞게 표현되어 있어 이해하기가 쉽다.

아이의 손때가 묻은 첫 그림책의 추억이 담긴 『Brown Bear, Brown Bear, What Do You See?』, 베드타임 스토리북으로 많이 읽었던 마거릿 와이즈 브라운(Margaret Wise Brown)의 『Goodnight Moon(잘 자요 달님)』, 알파벳을 재미있게 배울 수 있는 빌 마틴 주니어(Bill Martin, Jr.)와 존 아샴볼트(John Archambault)의 『Chicka Chicka Boom Boom』 등 아이들이 좋아할 만한 소재와 주제가 다양하다.

우리 아이의 눈높이에서 시작해보자. 엄마의 목소리를 들려주거나 오디오 소리를 통해서, 때로는 그림책만 넘겨보면서 그림책이 주는 정서를 느껴보고 재미를 알아가면 좋겠다. 짧은 문장과 재

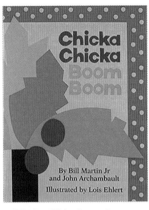

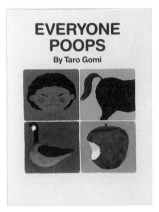

▲ 『Chicka Chicka Boom Boom』　　　　　▲ 『Everyone Poops』

미있는 그림으로 아이들의 마음을 사로잡는 타로 고미(Taro Gomi)
의 『Everyone Poops』는 어른이 봐도 재미있다. 작가가 전하고자
하는 주제에 아름다운 그림이 더해져 즐거운 상상이 시작되는 영어
그림책은 영어를 영어답게 습득하도록 도와주는 매개체다. 때로는
감동과 슬픔이 있고, 가족의 사랑과 친구와의 우정이 담긴 흥미로
운 이야기는 책 읽기의 재미를 더해준다.

아이의 영어 실력과 상관없이 그림책 읽어주기는 계속

한글 그림책을 읽어주던 경험을 떠올려보자. 아이들이 글을 모르는
상태에서도 엄마가 아이를 앞에 앉히고 책을 읽어준 경험이 있을

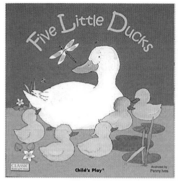
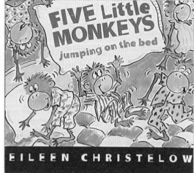

▲ 『Five Little Ducks』　　　　　　▲ 『Five Little Monkeys Jumping on the Bed』

것이다. 이때 아이는 엄마의 목소리로 그림책을 보고 듣는다. 그러면서 눈으로 보고, 귀로 들으며 작가의 이야기에 푹 빠질 수 있다. '아이가 아직 글도 읽을 줄 모르는데 어떻게 영어책을 읽어주지?' '영어 그림책을 읽어주어도 이해가 되지 않을 텐데 무슨 소용이 있을까?'라고 생각하는 분이 있을 수 있다. 한글책을 읽어주던 것을 생각해보면 답은 쉽게 나온다. 아기일 때부터 한글 동화책을 읽어주는 부모님이 많은데, 이때도 아이가 한글을 전혀 모르는 상태에서 읽어주는 것이다. 영어도 마찬가지라고 생각하면 된다.

　『Five Little Ducks』는 페니 아이브(Penny Ives)의 재미있는 삽화가 있는 그림책이다. 귀여운 오리 가족의 일상을 신나는 음악과 함께 들으며 읽을 수 있다. 언제 읽어도 신났던 에일린 크리스텔로(Eileen Christelow)의 『Five Little Monkeys Jumping on

　　　　　　　　　　외고에서 통하는 엄마표 영어의 힘

the Bed』는 영어의 감각을 일깨워주고 즐거운 상상을 경험하게 한 재미있는 책이다. 아이가 글을 몰라도 충분히 책을 읽어주면서 즐길 수 있다.

즐거운 책 읽기의 경험을 느끼도록

매일 그림책을 읽어주며 아이와 대화하는 시간을 가져보자. 책을 매개로 아이와 대화를 나눌 수 있고, 즐거운 책 읽기를 경험할 수 있다. 줄리아 도널드슨(Julia Donaldson)의 『The Gruffalo(숲속 괴물 그루팔로)』에는 지혜로운 작은 생쥐가 숲에서 만난 동물들로부터 위기를 모면하는 재미있는 장면들이 있다. 윌리엄 스타이그(William

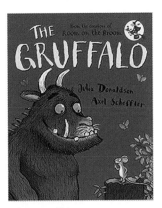

▲『The Gruffalo』

▲『Sylvester and the Magic Pebble』

Steig)의 『Sylvester and the Magic Pebble(당나귀 실베스터와 요술 조약돌)』에서는 당나귀 실베스타 가족의 따뜻한 사랑 이야기를 느낄 수 있다.

한글책과 영어책은 언어만 다를 뿐 책 읽기의 연장이다. 아이들이 다음 내용을 궁금해하며 책장을 넘기는 것만으로도 충분하다. 귀를 기울이고 반응을 보인다는 것은 책 읽기가 재미있다는 뜻이다. 그림책은 아이들의 사고와 언어의 영역을 넓혀주는 역할을 한다. 그리고 일상생활에서부터 가족 이야기, 성장, 감동, 유머가 있는 책은 아이들의 무한한 상상력과 창의성을 자극해준다. 그림책을 보면서 키득거리기도 하고, 주인공의 여러 가지 감정을 느껴보기도 하면서 그림책 단계를 충분히 여유 있게 즐겨보자. 서두를 이유가 전혀 없다.

그림책 시기의 듣기

그림책의 오디오를 적극 활용하자. 오디오를 들으면서 문장에 익숙하게 하고, 전체적인 스토리를 들을 수 있게 한다. 오디오를 아이에게 수시로 들려주어 영어가 생활 속에 스며들게 한다. 많이 듣다 보면 영어 감각이 생기고, 문장이 같은 형태로 반복된다면 책을 쉽게 외우기까지 한다. 라임(rhyme)과 리듬(rhythm)이 있다면 영어의 운

외고에서 통하는 엄마표 영어의 힘

율을 느끼며 읽는 재미를 느낄 수 있다.

아이들이 책을 좋아하게 만드는 방법은 멀리 있지 않다. 오늘 아이에게 들려준 영어책 한 권이 영어의 길을 열어줄 수도 있다. 그림책에 아낌없는 시간을 쏟아부어도 좋다. 그림책으로 정서적 안정을 느낄 수 있도록 충분한 시간을 가져봤으면 한다. 영어 그림책과 함께 성장하는 아이들의 모습을 든든하게 지켜봐주자.

원서 리딩 레벨 알아보기

AR 북파인더(Accelerated Reader Bookfinder) 홈페이지(www. arbookfind.com)에서 원서의 레벨이 어느 정도인지 확인할 수 있다.

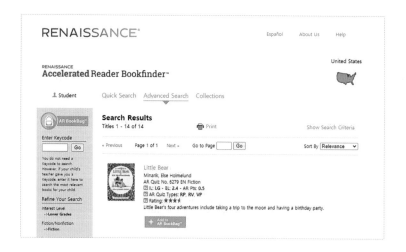

홈페이지 메인 화면에서 읽는 사람이 학생인지 학부모인지 해당 사
항을 선택한다.

그러면 책 제목을 입력할 수 있는 화면이 뜬다. 여기서 책 제
목과 저자명 등을 검색하면 책의 레벨과 간단한 정보가 나온다.
『Little Bear』를 기준으로 살펴보면, 'BL 2.4'는 초등학교 2학년 4개
월 정도의 읽기 수준을 나타낸다. 이 BL 수치를 기준으로 책의 난
이도를 가늠해볼 수 있다.

리더스북으로 읽기의 기초를 완성하기

리더스북으로 읽기의 자신감을

그림책이 순수 창작물이라면, 리더스북은 읽기 능력 향상을 위해 만들어진 책이다. 읽기 수준을 고려해 단계별로 구성되어 있다. 의도적으로 어휘를 선택하고, 쉬운 문장을 반복적으로 사용해 목표 언어를 습득하도록 한다. 리더스북은 그림책과 챕터북의 중간 역할을 한다고 볼 수 있다. 하지만 그림책 중에서 어휘나 읽기 수준이 높은 것도 있어서 그림책이 반드시 쉬운 것만은 아니다. 마찬가지로 리더스북이지만 단계가 높아질수록 챕터북보다 읽기가 더 어려운 책도 있다. 리더스북 자체도 출판사별로 기준이 다르기에 같은 단계라 하더라도, 난이도의 체감도가 다르다.

우리가 처음 시작한 리더스북은 크리에이티브 티칭 프레스(Creative Teaching Press)의 『Learn to Read』다. 언어, 수학, 사회, 과학으로 네 가지 영역을 다루고 있다. 1단계에서 6단계까지 난이도를 조절하며 읽기를 확장해나가도록 구성되어 있다. 기본 수 세기 개념부터 사회, 학교 활동, 외국 문화를 알아가는 등 다양한 소재를 바탕으로 읽기의 기본 문형을 가르쳐준다. 16페이지 정도로 얇아서 반복해 읽으며 영어 자신감을 기를 수 있었던 책이다. 유아기부터 많이 듣고 읽기를 반복했다. 참고로, 아쉽지만 이 시리즈는 현재는 절판된 상태다.

스콜라스틱(Scholastic)에서 출판한 『Science Storybook(세상에서 가장 쉬운 사이언스 스토리북)』은 자연과 과학의 세계를 호기심을 가지고 알아갈 수 있게 해준 책이었다. 선명한 사진이 문장을 이해하기 쉽게 해주어 한글 자연 관찰책을 보는 느낌으로 읽을 수 있다.

영국 옥스퍼드대학교 출판부의 『Oxford Reading Tree』는 주인공의 일상생활을 재미있는 스토리로 담아내고 있다. 그림이 선명하고 내용도 흥미로워서 아이들이 다음 내용을 궁금해할 정도로 몰입했다.

손쉽게 접할 수 있는 책 중에서 아이들이 좋아하는 책을 중심으로 시작해보자. 리더스 단계에서 읽기를 반복하면 읽기의 자신감을 충분히 거둘 수 있다.

▲ 『Oxford Reading Tree: 4단계』

천천히 읽기의 기초를 다지기

리더스북 읽어주기와 스스로 읽기 과정을 거의 3~4년 정도 유지
했다. 아주 천천히 여유롭게 읽고 듣는 시간이었다. 물론 리더스북
만 읽은 것이 아니라 그림책과 함께 읽었다. 마찬가지로 챕터북 읽
기에 들어가도 리더스북과 그림책 읽기는 그만두지 않고 계속하면
된다. 3~4년이라고 하면 '너무 오랫동안 리더스북을 읽은 게 아닌
가?' 하고 반문할 수도 있겠다. 하지만 유아기여서 부담 없이 영어
와 놀며 친해진 시기라고 말할 수 있다.

리더스북 시기에 읽기를 강요하거나 아이에게 부담을 주어서는
안 된다. 책과 소리를 자주 접하게 하면서 자연스러운 읽기로 연결

되도록 한다. 리더스북이지만 그림책 역할도 충분히 할 수 있고, 등장인물의 대화를 따라가며 이야기를 나눌 소재도 충분히 있다. 리더스북이 재미 없다는 것은 어쩌면 편견이다. 감동과 재미, 호기심과 지식을 키워주는 책들이 많아서 즐겁게 하다 보면 영어는 저절로 따라오게 된다.

우리말에 '무르익다'라는 단어가 있다. '과일이나 곡식 따위가 충분히 익다.'라는 뜻이다. 이는 리더스북과 그림책 읽기를 진행하며 자주 느꼈던 생각이다. 이때는 아이들이 천천히 햇살과 바람을 맞으며 무르익어가는 시기였다. 어떻게 여유로운 마음으로 진행할 수 있었는가 하면 바로 아이들이 편안하게 영어에 익숙해지고 있다는 확신이 들었기 때문이다. 단계라는 기준에 너무 얽매이지 말고 어느 책을 읽는 시점이든 좋아하는 책을 자유롭게 읽을 기회를 주자.

읽기의 본질에 충실히

영어책 읽기를 할 때는 그저 읽기에 집중했다. 책과 연관된 활동은 그다지 많이 하지 않았다. 리더스북에는 워크북 형태의 독후 활동이 있다. 아이가 좋아하면 책 읽기와 관련된 활동을 해도 좋지만, 원하지 않는다면 하지 않아도 무방하다. 우리 아이들은 책을 읽은 후 어떤 활동을 하기보다는 읽기 자체에 중점을 두었던 편이다. 독후 활동이 주가 되어 부담감을 느껴서 책 읽기를 소홀히 하면 안 된다. 이것은 완전히 주객이 전도된 상황이다.

리더스북은 주로 얇아서 여러 권을 한꺼번에 읽기가 가능하므로 읽기의 기초를 차곡차곡 쌓을 수 있다. 리더스북이라 하더라도 모든 책이 읽기 능력을 향상시키기 위해 인위적으로 구성된 것은 아니다. 소재와 주제가 다양해 충분히 지루하지 않게 읽을 수 있다. 영어책 읽기가 너무 오랫동안 느리게 진행되는 것같이 보이지만 결국은 가장 빠른 길이다. 책 읽기는 영어를 영어답게 배우는 가장 효과적인 방법이다. 따라서 결과가 눈에 띄지 않는다고 쉽게 포기해서는 안 된다. 책의 힘을 믿어보자. 리더스북 시기는 단어의 반복이나 같은 문장 형태의 반복이 많아서 읽기의 자신감을 가지게 해준다. 쑥쑥 자라는 영어 감각을 단단히 뿌리내리게 할 수 있다.

리더스북 시기의 듣기

리더스북 단계에서도 듣기는 역시 최우선이다. 영어책 오디오 듣기, 영상물 시청이 거의 함께 이루어져야 한다. 모국어 환경에서처럼 듣기를 충분하게 하는 방법은 한 가지다. 리더스북으로 읽기 연습을 하면서 듣기 시간이 확보되도록 자투리 시간을 많이 이용하는 것이다. 듣기가 익숙해지면 덩어리 단위로 자연스럽게 끊어서 문장을 읽게 된다. 들으면서 점차 단어와 문장에 익숙해진 것이다.

아이들이 놀고 있는 시간에 방해가 되지 않도록 책의 영어 소리를 들려주자. 리더스북을 읽는 시기에는 혼자 집중하기가 어려울 수 있기에 부모님이 함께해주는 것이 좋다. 이미 들었던 오디오도 평소에 자주 들려준다. 그러면 아이들은 다른 활동을 하면서도 그 소리를 익숙하게 받아들이게 된다. 엄마도 오디오를 들으며 정확한 발음과 억양을 익히면, 아이들에게 읽어줄 때 도움이 된다. 잠자리에 들기 전에도 오디오를 들려주거나 엄마가 읽어주며 반복해보자. 듣기가 거의 습관적으로 생활화될 것이다. 문자로만 영어를 접하면 듣기에 어려움이 생길 수밖에 없다. 소리 노출을 항상 지속해야 하는 이유다. 듣기는 영어의 리듬과 언어의 감각을 키워주고, 언어를 습득하게 하는 가장 효과적인 방법이라고 볼 수 있다.

사이언스 스토리북으로 리더스의 세계를

『Science Storybook』은 제목 그대로 어린아이들의 수준에 맞게 구성된 자연 관찰 느낌의 책이다. 논픽션 리더스북으로, 읽기의 기초를 탄탄히 하고 자연을 보여준다. 선명한 사진으로 되어 있고 쉬워서 아이들의 눈높이에서 대화를 나누기 좋다. 자연과 과학의 세

계를 영어로 간결하게 표현해놓았는데, 'Shark'의 각 페이지 속 구
문을 보면 다음과 같다.

'Tails for swimming.'
'Eyes for seeing.'
'Noses for smelling.'

영어 실력과 상관없이 사진만으로도 의미 파악이 가능할 정도
로 쉽다. 자연과 과학을 다룬다면 어렵지 않을까 걱정하는 사람도
있을지 모르겠다. 중력에 대해 알려주는 'Gravity'의 한 페이지도
살펴보자.

'Things come down.'
'Water drops down.'
'Gravity makes things come down.'

아주 간결한 문장이다. "중력을 이렇게 쉽게 영어로 표현할 수
있구나!"를 리더스북을 읽으며 느꼈다.

오디오 또한 압권이다. 바람 소리나 동물의 소리를 그대로 담고
있어 아주 생생하다. 자연의 소리를 나타내기에 녹음 속도가 느려
서 처음은 답답하게 느껴질 수 있다. 하지만 아이들은 책을 보며 의

외로 소리에 매우 집중한다. 생생한 오디오의 소리와 실제 사진을 통해 책에 점점 몰입한다. 자연에 대한 이해를 높이는 건 덤이다. 자연에 대한 호기심을 한글책과 연계해도 좋다. 리더스북은 읽으면서 단어와 기본 문형이 자연스럽게 외워지는 장점이 있다. 이머전 (외국어를 따로 가르치지 않고 수학, 사회 등 일반 교과목 내용을 해당 외국어로 가르치는 언어교육방법) 교육이 집에서 가능한 것이다.

챕터북으로
영어의 지평을 넓혀라

몰입도 높은 스토리의 챕터북

챕터(chapter, 장)로 구성되어 있는 챕터북은 리더스북과 소설책의 중간 형태다. 그림책과 리더스북에 익숙한 아이들이 글자 중심으로 읽기를 이동하는 시기가 챕터북을 읽는 시기다. 삽화가 적고 글밥이 많아져 긴 호흡의 스토리에 집중하게 된다. 장르는 추리, 탐정, 모험, 판타지, 코믹, 요정 이야기 등 다양하다. 작가나 주제별로 좋아하는 것에 관심을 가지고 관심 분야를 넓혀나가면 좋다.

챕터북은 보통 시리즈로 구성되어 있다. 같은 주인공이 등장하고 에피소드만 달리해서 이야기가 전개되는 경우가 대부분이다. 그런 데다 작가가 주로 사용하는 어휘나 문체 등 작가만이 가진 독특한 스타일이 있고, 이야기가 한 호흡에 전개되니 집중해서 끝까지 읽는 효과가 있다. 또한 시리즈를 달리해서 다양한 장르를 접하는 계기가 되기도 한다. 읽기가 수월하면 전체를 처음부터 끝까지 한 번에 읽어나가고, 한 번에 읽기는 부담스럽다면 나누어 읽기를 진행한다. 오디오도 집중해서 듣는 게 가능하면 한 호흡에 전체를 들어보는 것이 좋다. 예를 들어 전체 듣기가 40여 분이라면 듣기를 충분히 해왔던 아이들은 책과 함께 듣기를 시도해보도록 한다. 한 번에 듣기가 힘들다면 절반 정도 나누거나 한두 챕터씩 나누어 진행해도 좋다.

챕터북을 읽을 시기에는 시간적 여유가 있는 것이 좋다. 아이마다 상황이 다르니 가장 집중이 잘되는 시간을 선택한다. 호기심도 많아지고, 책에 대해 궁금한 것도 많아지는 시기이니 한글책과 연계해 읽기를 탄탄히 다져나가도록 한다. 경계를 넘나드는 자유로운 책 읽기는 독서력을 확장하는 기회가 된다. 다양하게 읽다 보면 아이가 좋아하는 분야를 찾을 수 있다. 관심 있는 분야가 있다면 집중적으로 그 분야의 책을 깊이 있게 읽어도 좋겠다. 무엇보다 스케줄에 쫓기지 않아야 편안한 책 읽기가 가능하고 집중하면서 정독할 힘이 생긴다. 방해받지 않고 몰입할 수 있는 시간이 필요하다. 좋아하는 분야나 책이 있다면 마음껏 집중해서 읽을 수 있는 환경을 만들어주자.

챕터북 단계의 고비를 잘 넘겨라

영어책 읽기를 잘 진행하다가도 챕터북 단계에서 정체기가 오는 경우가 많다. 리더스북에서 챕터북으로 넘어오며 글밥에 대한 부담감이 커졌을 수도 있고, 예상보다 실력이 나아지지 않는 것 같아 슬럼프를 맞이한 것일 수도 있다. 사실 이 시점에서 더욱 염려스러운 점은 아이보다 엄마의 흔들리는 마음이다. 영어책을 읽는다고 실력이 크게 나아지는 것 같지 않아서 더욱 걱정한다. '영어책만 읽어서는 나중에 영어 내신이나 시험 준비를 잘 할 수 없을 텐데.' '슬슬 문법을 공부하거나 문제집을 풀어야 하지 않을까?' 등 아이 상태와 상관없이 엄마의 고민이 시작된다. 지금은 그런 고민을 전혀 할 필요가 없는데 불안한 마음에 여기저기 알아보기도 할 것이다.

문제는 외부에 눈을 돌려도 현재 상황이 크게 나아지지 않는다는 것이다. 부모가 생각하기에 '영어의 정체기'라고 규정하는 것이지, 아이는 제 길을 잘 가고 있을 수 있다. 엄마가 불안한 마음을 가질수록 방향이 흔들리고 시간만 흘려보낼 수도 있다. 영어책 읽기를 몇 번 시도해보고, 영어 실력이 전혀 늘지 않는다고 생각할 수도 있다는 것이다. 하루에 어느 정도로 영어 환경을 유지하고 있는지 되돌아보자. 실제로 정체기가 왔고 아이가 힘들어한다면 그 이유가 무엇인지를 잘 살펴봐야 한다. 책의 수준이 너무 높아 어려움을 겪고 있는 것은 아닌지, 할 일이 너무 많아 시간상 압박을 받는 것은 아닌지, 책 읽기 자체를 싫어하는 것은 아닌지 그 이유를 알아보자.

어떤 때보다 챕터북 시기를 잘 유지하는 것이 중요하다. 이때 포기하면 나중에는 더 어려워진다. 그 이후는 학습적으로만 영어를 접할 확률이 높다. 힘들어서 잠시 한 호흡 늦추더라도 읽기와 듣기의 영어 환경을 포기하지 않았으면 한다. 우리 아이들은 챕터북 단계에서도 거의 3년 정도 영어책 읽기와 영상 시청을 함께 유지했다. 속도의 관점으로만 보면 답답하고 느린 진행이라고 볼 수도 있다. 하지만 이 무렵 느린 듯하면서도 아이들의 실력 상승이 서서히 느껴졌으며, 책을 기본으로 하고 영상을 더해 영어를 탄탄히 다졌다.

충분히 머무르며 실력을 다져라

챕터북으로 완전히 넘어가기 전에 리더스북과 챕터북이 공존하는 시기가 있다. 리더스북이지만 챕터의 형식으로 된 것도 있고, 글밥이나 내용의 수준이 챕터북과 비슷한 것도 있기에 리더스북과 챕터북의 경계를 딱 잘라 말하기는 어렵다. 여유를 가지고 각 단계에서 수평적인 책 읽기를 충분히 하는 것이 좋다.

챕터북을 읽는 시기에도 단계에 대한 고민은 거의 하지 않았다. 매일 책과 영상을 재미있게 보고 있으니 올바른 방향으로 가고 있다고 생각했기 때문이다. 이게 바로 눈에 보이지 않는 듯하지만 가장 빠르게 실력을 만들어주는 길이다. 영어책 레벨에 너무 연연하기보다는 책이 쉽다고 느껴질 정도로 충분히 읽어야 한다. 동시에 오디오 듣기와 영상물을 보는 것이 함께 진행되어야 한다.

결국 듣기가 책 읽기의 효과를 극대화한다고 볼 수 있다. 챕터북 단계에 충분히 머무르며 여유를 가지고 책을 읽게 하자. 책의 레벨에 크게 신경 쓰지 않아도 다음 단계로의 진입은 어느새 다가온다. 빠르게 책 읽기의 속도를 높여가는 아이도 있을 것이다. 실력이 계속 잘 유지된다면 더 바랄 나위가 없다. 하지만 탄탄한 기본 실력이 없다면 다음 단계로 진입해도 유지하기가 쉽지 않다. 따라서 레벨보다는 현재 읽고 있는 수준의 책을 마음껏 즐겨라. 우리 아이가 책 읽기를 잘 즐기고 있다면 실력 향상은 저절로 따라오게 되어 있다.

챕터북을 읽기 시작하는 시기는 아이마다 다르다. 챕터북에 진입할 때쯤이면 아이들의 관심사가 다양해지는 시기로, 영어책뿐만 아니라 한글책도 관심 영역을 확장하며 든든히 읽어야 할 때다. 영어를 늦게 시작했더라도 인지 능력과 언어 능력이 높은 경우 빠르게 챕터북으로 진입하기도 한다. 아이마다 할애하는 시간이 다르겠지만, 비슷한 레벨의 책을 충분히 무르익을 정도로 읽어야 한다. 여유와 집중이 함께 어우러져야 한다. 나중에 소설책 단계로 진입해도 챕터북을 그만 읽는 게 아니라, 이전 단계의 책 읽기는 계속해서 이루어져야 하는 것이다.

챕터북 시기의 듣기 확장

챕터북을 시작할 때도 역시 오디오 듣기를 함께했다. 오디오 소리를 들으며 책 읽는 것을 좋아하는 아이도 있고, 듣기 없이 혼자서 읽는 것을 좋아하는 아이도 있을 것이다. 아이의 취향에 맞게 진행하자. 우리 집은 두 아이 모두 그림책 읽기부터 리더스북을 읽기까지 오디오의 도움을 상당히 많이 받았다. 챕터북 단계에서도 오디오의 도움을 받아 전체 의미를 파악하며 책 읽기를 즐겼다. 전체를 한번 읽고 나면 책의 흐름과 재미있는 요소를 알게 되고, 다음 내용이 궁금해지는 효과가 있다. 그리고 오디오를 들으면 집중해서 읽게 되고, 긴 호흡의 글에도 익숙해지게 된다. 책을 읽으며 한 집중 듣기와 수시로 한 흘려듣기 모두가 듣기 능력을 향상시켜주었다. 그동안의 읽기와 듣기가 바탕이 되었기에 챕터북 단계로의 진입도 수월했다.

다음 단계로 읽기를 확장할 때 오디오 듣기를 병행하면 혼자 읽는 부담감을 덜어주고 책에 집중하게 하는 장점이 있다. 오디오의 도움을 받다가 눈으로 읽는 것이 오디오의 속도보다 빨라지는 시기가 있는데, 이때는 오디오 없이 묵독으로 진행해도 된다. 물론 정해진 방법이 있는 것은 아니다. 아이만의 가장 좋은 방법을 찾아보자.

1년간 듣고 읽은
『Magic Tree House』

메리 폽 어즈번(Mary Pope Osborne)의 『Magic Tree House』는 챕터북을 읽기 시작할 때 많이 언급되는 책으로, 주인공 잭(Jack)과 애니(Annie) 남매가 역사 속으로 떠나는 모험 이야기다. 우리 아이들도 비슷한 또래이기에 공감대가 느껴질 것 같아 첫 번째 챕터북으로 선택했다. 영어를 받아들이는 것이 일상이 된 시점이었다. 28권으로 된 세트를 준비했다.

그동안 선명한 그림이 그려진 책을 읽다가 누런 갱지로 된 챕터북을 보니 약간 낯설기는 했지만 크게 상관은 없었다. 처음에 1권 『Dinosaurs Before Dark』를 음원과 함께 들려주니 아이들은 의외로 집중하는 모습을 보였다. 내용이 재미있다는 증거였다. 주인공이 사는 펜실베니아의 오두막집에서 일어나는 마법은 아주 흥미로웠다.

한 시리즈의 챕터북으로 원서 읽기의 도약

챕터북을 처음 접했어도 무리가 없었던 이유는 리더스북 시기까지 책과 영상의 소리 노출 시간이 충분히 있었기 때문이다. 앞서 말했다시피 리더스북 단계에서 읽기와 듣기에 노출한 시간이 거의 3~4년 정도다.

이 챕터북 시리즈를 처음부터 1년간 읽을 것으로 계획한 건 아니었다. 매일 반복하다 보니 거의 1년 동안의 루틴이 되었다. 처음 『Magic Tree House』 읽고 나서 1권에 재미를 느껴서인지 2권도 바로 읽고 싶다고 했다. 28권 세트로 된 구성이라서 하루에 한 권이면 한 달 안에 전체를 읽을 수 있을 것 같았다. 그렇게 아이는 한 달에 한 세트 전체를 읽기 시작했다. 주로 소리를 들으며 눈으로 읽어 내

▲『Magic Tree House』 시리즈

외고에서 통하는 엄마표 영어의 힘

려갔다. 책 내용이 워낙 재미있으니 아침에 눈을 뜨면 책 읽는 시간을 기다릴 정도였다.

　한 달 동안 시리즈 전체를 읽고 나서 한 번 더 읽어보려고 했다. 다른 챕터북이 없는 상황이었고, 한번 읽었다고 모든 내용을 알고 있는 것은 아니기에 오히려 잘된 일이라고 생각했다. 매번 책을 구매하기보다는 집중적으로 반복해서 읽는 것도 좋겠다고 생각했다. 그렇게 해서 하루 한 권씩 28권을 한 달 단위로, 거의 1년간 전체를 10회 반복해서 읽었다. 특별히 의식하지 않아도 책 읽기가 아침 일과 중 하나의 습관으로 자리 잡았다. 반복해서 읽다 보니 아이는 내용 전체를 거의 파악하고 있는 듯 보였다. 성우가 읽어주는 내용을 앞서서 말하기도 했다. 일부러 외운 게 아니라 저절로 외워진 것이다. 그동안 엄청난 양의 듣기 환경을 만들어준 것이 읽기에도 탄력을 주었다. 계단 하나를 올라섰다는 느낌이 들었다.

반복 여부는 아이마다 다르다

아이에게 가장 알맞은 읽기 방법은 무엇일까? 아이마다 다르기에 우리 아이처럼 1년 동안 같은 책을 읽을 필요는 없다. 반복해도 좋지만 다른 책을 읽기 원한다면 새로운 책을 읽는 것도 좋은 방법이다. 우리는 첫 번째로 시도한 챕터북이 다행히 아이가 재미있어 하는 내용이어서 반복해 읽게 되었다. 아이는 이미 아는 내용임에도 숨죽이며 소리에 집중하는 모습을 보였다. 비슷한 구성으로 장소와 시대만 바뀌며 전개되는 내용이 흥미로운 읽기의 요소가 된 것 같았다. 그리고 챕터북에 들어서며 호흡이 긴 책의 재미를 맛본 듯 싶었다. 반복하다 보니 더 자세히 알게 되고, 내용이 재미있다 보니 영어에 더욱 자신감을 가지게 되는 책 읽기 선순환이 이어졌다.

챕터북은 호불호가 있어서 아이들의 성향을 잘 살피고, 진입할 때 아이의 반응을 확인해야 한다. 너무 싫어하거나 어렵게 느낀다면 아직 적당한 때가 아닐 수 있다. 이런 경우 다시 쉬운 책으로 돌아가자. 엄마가 강요한다고 가능한 일이 아니다. 오히려 영어를 싫어하게 될 수도 있으니 아이의 상황에 관심을 기울여보자. 아이가 집중하며 책을 읽는 순간을 파악하면 쉽다. 소리를 들으며 눈을 다음 문장으로 옮기고, 오디오 소리에 맞추어 다음 페이지로 넘긴다면 아이가 집중해서 보고 있다는 신호다.

전체 흐름과 문맥으로 어휘를 파악하자

세 번째 전체 읽기가 시작된 무렵이다. 잠을 잘 시간에 침대에 가지고 들어간 책은 『The Knight at Dawn』이었다. 여느 때처럼 책을 읽어주기 시작하니, 아이가 갑자기 다음에 오는 문장을 막힘없이 술술 말하는 게 아닌가. 책의 흐름과 내용을 머릿속에 입력한 듯했다. 차고 넘치게 듣고 읽은 것이 어떻게 아웃풋으로 자연스레 나오는지를 확인한 순간이었다.

어느 날 낮에는 작은아이와 그림을 그리던 큰아이가 던전(dungeon)이라고 말하면서 무언가를 그리고 있었다. 던전이 무슨 뜻인지 궁금해서 물어보았더니 큰아이는 그림 그리던 것을 멈추고 『Magic Tree House』 책을 가져와서 영어로 그 단어가 있는 부분을 찾아주었다. 반복 읽기를 통해 챕터북의 내용을 상당히 기억하고 있었던 것 같다. 던전의 사전적 의미를 살펴보면 'a dark underground prison in a castle'로, 성 안에 있는 지하 감옥을 뜻한다. 문장의 앞뒤를 읽으며 의미를 유추하고, 전체 챕터를 읽는 동안 단어의 의미를 확실하게 파악해낸 듯했다.

모르는 단어라도 책으로 읽으면 점점 익숙해져서 의미와 쓰임을 동시에 알아가게 된다. 대부분 문맥의 흐름을 알면 단어의 뜻을 유추해 결국 정확히 알게 된다. 그래서 모르는 단어를 하나하나 찾는 것보다 전체적으로 읽으며 독서의 흐름을 유지해도 된다. 모르는 단어의 의미를 꼭 찾아보면서 읽어야 하는 아이라면 그 방법을 존중해주어도 좋다. 아이마다 책 읽는 스타일이 다르니까. 하지만 뜻을 찾아야 할 단어가 너무 많다면 아이 수준보다 어려운 책일 수도 있으니 잘 살펴보아야 한다. 또한 단어를 찾다가 책 읽기의 흐름이 깨져 흥미가 반감될 수 있으니 이 점을 유의하자.

영어소설을
자유롭게 읽다

소설을 자유롭게 읽는 단계가 오면 이제 영어가 어느 정도 편안한 시기라 볼 수 있다. 좋아하는 작가도 생기고 책 읽는 취향이 드러나기도 한다. 다양한 책 읽기를 하면서, 동시에 좋아하는 분야를 깊이 있게 읽으며 논리적인 사고와 언어 능력을 높여나가는 시기이기도 하다. 책의 내용이 재미있어 집중하고 몰입해서 읽는 경우가 많다. 역사, 과학, 수학 등의 분야부터 고전소설, 판타지와 모험 그리고 뉴베리 수상작까지. 다양한 분야로 서서히 읽기 영역을 늘려가면서, 동시에 좋아하는 분야를 집중해서 읽는 균형이 필요하다.

외고에서 통하는 엄마표 영어의 힘

드디어 자유로운 소설 읽기

두 아이의 성향이 다름에도 소설을 읽는 시기는 거의 비슷하게 진행되었다. 큰아이가 『Harry Potter』 1권을 읽기 시작한 것이 초등 2학년 겨울방학이었고, 둘째는 초등 3학년이 거의 끝나가는 시점이었다. 물론 이 책이 읽기의 기준이나 영어의 최종 목표는 아니지만, 두꺼운 소설에 대한 도전의 의미로 생각하기 바란다. 여기서 강조하고 싶은 점은 아이마다 읽기 수준과 소설을 읽는 시기가 다르다는 것이다. 단지 나이를 기준으로 '빠르고 느리다'를 판단하지 않았으면 한다. 즐겁게 진행해온 결과이니 다른 아이들과의 비교는 무의미하다.

리더스북 단계와 마찬가지로 거의 3년간 좋아하는 스토리 위주의 챕터북을 읽은 직후였다. 그동안 책 읽기와 영상물 보기를 통해 소리의 노출이 함께 이루어진 결과다. 서서히 변화를 시도해도 될 것 같은 느낌이 들었다. 각 단계에 충분히 머무르며 서두르지 않고 천천히 쌓아온 결과라고 생각했다.

두께의 압박이 있는 책이라 처음에는 '읽기를 해도 괜찮을까?' 하는 마음이 들었다. 하지만 이미 영화 〈해리포터와 마법사의 돌(Harry Potter and the Sorcerer's Stone)〉을 재미있게 여러 번 시청한 이후여서 괜찮겠다 싶었다. 영어판과 한글판을 가릴 것 없이 『해리 포터』가 붐을 이룬 시기였다. 1권을 읽기 시작한 때는 영화 시리즈가 계속 나오는 시기로, 학생들 사이에 선풍적인 인기를 끌고 있었다. 영화와 연계해 책에 관한 관심이 컸고 무엇보다 스토리가 재미있어 책 읽기가 수월했다. 300여 페이지짜리 1권을 시작으로, 하드커버로 된 750여 페이지의 7권 『해리 포터와 죽음의 성물(Harry Potter and the Deathly Hallows)』을 읽고 나니 아이는 엄청난 자신감과 성취감을 얻었다. 페이지 수에 상관없이 원하는 책을 읽는 수준에 다다른 것이고, 두꺼운 책에 대한 두려움 없이 완독의 기쁨을 깨달았다.

10년을 꾸준하게 영어소설까지

영어소설 읽기를 언제 시작하는가는 아이마다 다르다. 영어를 늦게 시작했다고 걱정할 필요는 없다. 초등 고학년에 시작하더라도 영어책 읽기로 실력을 만들어나가는 아이들도 있기 때문이다. 늦었다고 걱정하기보다는 그 시점에서 즐겁게 꾸준히 할 방법을 생각해보자. 소설을 자유롭게 읽으며 영어를 편안하게 받아들이기까지 우리 아이들은 거의 10년이 걸렸다. 이 기간 또한 상대적이기 때문에 기준이 될 필요는 없다. 유아부터 초등까지 집중할 수 있는 시기에 영어를 충분히 입력해나가기 바란다.

지금 초등 고학년이라고 '우리 아이는 이제 너무 늦었구나.'라

외고에서 통하는 엄마표 영어의 힘

고 생각할 필요는 없다. 늦었다고 생각하는 그 순간이라도 아이의 상황에 맞게 시작해보자. 영어에 대한 인풋이 없는 상태에서 중·고등학교에 들어서면 마음만 급해지고 스트레스를 받기 쉽다. 영어를 즐겁게 익히지 못한 채 시험의 압박을 받기 쉽고, 영어를 너무 힘든 교과목으로만 인식하게 될 수 있다. 영어를 언어 자체로 받아들이며 실력을 탄탄히 쌓아나갈 수 있는 유아와 초등 기간을 최대한 활용해보자.

소설을 통해 마음껏 상상하게 하라

책을 읽다 보면 관심 분야가 넓어진다. 영어책 읽기는 아이들에게 생각하는 힘과 몰입하는 힘을 가져다주었고, 어떤 지문이라도 호흡이 긴 글까지 자신감 있게 읽을 힘을 주었다. 하지만 무엇보다 작가의 상상력에 힘입어 아이들이 새로운 세계로 마음껏 빠져드는 경험을 선사하기도 했다. 그 과정에서 아이가 좋아하는 분야도 더욱 선명해졌다.

그리스 신화를 모티브로 한 릭 라이어던(Rick Riordan)의 『Percy Jackson(퍼시 잭슨)』 시리즈는 현대와 신화를 넘나들며 올림푸스 신들과의 짜릿한 모험을 다루고 있다. 손에서 책을 놓지 못할 정도로 아이들이 재미있어 한 책이다. 영화와 비교해 읽는 재미도 있었고,

아이들이 신화에 더욱 관심을 갖게 되었다. 『The 39 Clues(39 클루스)』 시리즈 또한 릭 라이어던을 비롯한 여러 작가가 쓴 판타지 모험 소설이다. 로알드 달(Roald Dahl)의 대표작인 『Charlie and the Chocolate Factory(찰리와 초콜릿 공장)』과 『Matilda(마틸다)』 등 아이들이 책에서 눈을 떼지 못할 정도로 흥미로운 소설이 많다. 전체 작품을 읽으며 작가의 위트와 철학, 작가가 펼쳐내는 상상의 세계를 자유롭게 만나도록 해주자.

『The Chronicles of Narnia(나니아 연대기)』 시리즈, Harry Potter(해리 포터)』, SF 소설인 『The Hunger Games(헝거게임)』, 『Warriors(고양이 전사들)』, 『The Adventures of Tom Sawyer(톰 소여의 모험)』 등 고전소설과 뉴베리 소설, 그리고 『To Kill a Mockingbird(앵무새 죽이기)』 등 단편소설을 통해 다양한 영어 원서 읽기의 세계로 들어가보자. 아이가 숨죽이며 책을 읽는 순간, 키득거리며 스토리에 몰입하는 순간, 다음 내용을 기대하는 마음, 내용에 푹 빠져 자리를 뜰 수 없는 몰입의 시간을 마주하게 될 것이다.

영어소설 시기의 듣기를 자유롭게

듣기를 꾸준히 해왔다면, 어떤 지문을 듣더라도 이해가 잘 되는 편안한 수준일 것이다. 그림책이나 리더스북 단계에서 챕터북으로 접어들 때 오디오를 이용한 것처럼, 챕터북에서 소설 단계로 넘어올 때 오디오의 힘을 이용해보는 것도 좋다. 오디오 듣기는 어디까지나 선택 사항이다. 오디오 음원 듣기보다 묵독을 좋아하는 아이라면 그 방법으로 해도 좋다. 눈으로 읽는 것이 소리를 들으며 읽는 것보다 속도가 더 빠르고 몰입하기가 좋을 수도 있다. 오디오 음원 듣기 여부는 아이의 선택에 맡겨보자.

두 아이 모두 『Harry Potter』는 오디오 음원을 이용해 듣는 것으로 시작했다. 반복해 읽을 때는 음원 없이 묵독으로 읽는 경우가 많았다. 음원은 책을 읽는 것과는 별개로 평소 생활하면서도 충분히 들려주면 좋다. 어떤 단계의 책을 읽든지 듣기는 평소에도 계속해야 하기 때문이다. 소설을 읽는 수준까지 듣기의 양도 누적되었다면 전체 내용뿐만 아니라, 세부적인 내용도 놓치지 않을 정도로 듣기에 엄청난 내공이 생겼을 것이다.

원서 구매하는 곳

원서는 반복해서 읽어야 할 때도 많고, 필요한 시점에 바로 읽어야 할 때도 있다. 반복해 읽어야 하는 책이라면 구매해서 읽는 편을 택했다. 책에 따라 도서관이나 원서 대여점 등 가장 효율적인 이용 방법을 찾아보자. 지금은 영어 원서를 도서관에서 쉽게 찾아볼 수 있지만, 아이들이 어렸을 당시에는 제약이 있었다.

영어 전문 서점, 대형 서점과 중고 서점 등 원서를 구매할 수 있는 곳이 많다. 아이 수준에 맞는 책을 영어 전문 서점의 이벤트나 특가 행사 시에 구매하기도 한다. 그런 때를 잘 노리면 필요한 단행본이나 세트를 생각보다 저렴한 가격에 살 수도 있다. 처음에 여러 곳의 온라인 서점을 살펴보면서 아이의 기호에 맞게 정리된 곳을 찾아본다. 차후 한두 곳 정도만 정해놓고 사이트를 자주 방문하다 보면, 아이에게 필요한 책을 볼 수 있는 안목이 생긴다. 다른 사람에게 책 추천을 받아도 우리 아이에게 맞지 않을 수도 있기에 추천 리스트에 너무 연연할 필요가 없다. 아이를 잘 관찰하고 그에 맞게 진행해야 한다.

또한 읽기를 욕심내서 너무 한꺼번에 책을 구매할 필요도 없다. 미리 살펴보더라도 필요한 시점에 구매하는 것이 가장 좋다. 시간 여유가 있을 때 온라인과 오프라인 서점을 가끔 들러보자. 아이에게 필요한 책과 DVD는 물론 영어와 교육에 관련된 팁과 정보를 알아갈 수 있다. 원서 구매 사이트를 정리해놓았으니 참고하기 바란다.

- **웬디북**: www.wendybook.com
- **동방북스**: www.tongbangbooks.com
- **애플리스**: www.eplis.co.kr

- **키즈북 세종**: www.kidsbooksejong.com

- **잉글리쉬플러스**: www.englishplus.co.kr

- **에듀카코리아**: www.educakorea.co.kr

- **제이와이북스**: www.jybooks.com

- **예스24**: www.yes24.com

- **교보문고**: www.kyobobook.co.kr

- **알라딘**: www.aladin.co.kr

- **알라딘 중고매장**: www.aladin.co.kr/usedstore/wgate.aspx

6장

영상, 살아 있는
영어 교재다

눈으로 보는 즐거움, 귀로 듣는 즐거움

책은 능동적으로 읽어야 하는 반면, 영상은 다소 편안한 상태에서 시청할 수 있다. 영상은 재미있게 보는 것만으로 영어를 쉽게 습득할 수 있다는 장점이 있다. 언어를 습득하는 데 있어 가장 중요한 부분은 듣기다. 영어 영상은 아이들의 눈과 귀를 사로잡으며 영어의 세계에 흠뻑 빠질 수 있게 도와준다. 또한 영상을 통한 듣기는 영어책 읽기와 시너지를 일으키며 아이들의 영어를 자유롭게 하는 데 중요한 역할을 한다. 즐겁게 영상을 보면서 듣기의 양이 충분히 채워질 수 있게 해보자. 점점 영어가 편안해지고, 영어가 재미있다고 느낄 것이다. 처음부터 모든 문장을 알아들어야 한다는 부담을 갖지 말고, 아이들 수준에서 이해 가능하고 흥미를 느낄 만한 것으로 시작해야 한다.

영상은 영미권의 생활과 문화를 그대로 보여주는 살아 있는 시청각 자료라고 볼 수 있다. 처음에는 TV 애니메이션 프로그램부터 시청하기 시작했다. 그것이 점차 영어 DVD, 온라인 영어 동화 사이트, 영화와 미국드라마, 뉴스나 다큐멘터리 채널로 확대되었다. 아이들이 좋아할 만한 주인공이나 소재 등 아이들 정서에 맞는 영상을 선택하는 것이 중요하다. 읽기 단계에서 오디오 CD의 도움을 받았던 것처럼, 영상물 시청 또한 귀를 활짝 열어줄 것이다. 영상으로 영어를 듣고 움직이는 이미지를 보는 즐거움을 느껴보도록 하자. 신나게 보는 것만으로 영어의 기반이 탄탄하게 다져질 것이다.

어떤 영상을 선택해야 할까?

영상을 선택할 때는 아이의 흥미와 영어 수준, 정서적인 측면을 모두 고려해야 한다. 반드시 흥미를 느낄 만한 내용이어야 하고, 아이들이 관심을 가지고 공감할 수 있는 내용이면 더욱 좋다. 교육용 DVD나 TV 애니메이션은 아이들의 인지 능력 발달을 고려해 제작되었다. 안정되고 잔잔한 영상을 시작으로 점차 관심 분야를 확대해나가되, 너무 화려하거나 자극적인 영상은 피하도록 한다. 아이들이 일시적으로 관심을 가질 수는 있어도 교육적·정서적인 면에

외고에서 통하는 엄마표 영어의 힘

서는 전혀 도움이 되지 않는다. 비슷한 또래의 주인공이 등장해 유치원이나 가정, 학교에서 일어나는 일상을 보여주는 영상을 찾아보기를 추천한다. 영어를 익히는 것은 물론이고 영어권 친구들의 생활과 문화를 경험하는 건 덤이다. 단순히 영상을 보는 데 그치지 않고, 일상생활에서 사용하는 기본적인 문장부터 좋은 생활 습관을 함께 익혀나가게 된다.

움직이는 영상은 아이들을 집중하게 하는 힘이 있고, 의미 파악도 수월하다. 영상 시청은 영어에 대한 아이들의 이해도를 높이며 듣기를 누적해나가는 과정이기도 하고, 말하기의 기본 토대를 만드는 과정이기도 하다. 아이의 성향과 수준을 잘 고려해서 좋아할 만한 영상물을 찾아보도록 한다. 영상도 영어책과 마찬가지로 쉽게 이해할 만한 것이 첫출발이어야 하고, 즐거운 경험으로 자연스럽게 연결되어야 한다.

아이와 함께 보는 것을 시작으로

아이들이 영상에 관심을 가지도록 좋아할 만한 것으로 시도해보자. 하루 일과를 고려해 일정한 시간대와 장소를 정해 시청하는 것도 좋은 방법이다. 영상을 본 경험이 전혀 없다면 습관이 되기까지는 엄마가 함께 시청해서 익숙해지도록 도와야 한다. 아이에게 즐거운 경험이 되도록 일상적인 영어 환경을 마련해주는 게 중요하다. 영상이 재미있으면 엄마의 도움이 없어도 서서히 영상물을 즐기게 된다. 엄마는 놓친 내용을 보고 아이들은 깔깔거리며 볼 수도 있다. 영상에 익숙해지면 이해하는 속도나 깊이가 점점 좋아진다.

아이가 집중해서 잘 보고 있다면 영상에 관심이 있다는 증거다. 이때 방해받지 않고 몰입할 수 있도록 충분한 시간을 주자. 아이가 물어보거나 궁금해하는 것에 관해 이야기를 나누어도 좋다. 하지만 집중해서 잘 보고 있다면 굳이 말을 걸어 흐름을 방해할 필요는 없다. 이미 많은 사람에 의해 검증된 영상이라면, 엄마가 전체 내용을 미리 확인해야 하는 수고를 덜 수 있다. 아이가 시청하는 것을 보면서 아이의 관심사를 확인하는 기회가 될 수도 있다. 그러니 아이의 영상 시청 시간을 마음껏 누리게 해주자.

반복해서 보는 즐거움

영상 보는 것에 익숙해지면 아이는 거의 하루도 빠짐없이 영상을 보려고 할 것이다. 일정 시간을 정해서 꾸준히 시청하는 것이 바람직하다. 영상을 보고 듣는 것은 흘려듣기와 집중듣기의 효과가 있다. 아이들의 눈과 귀가 영어에 집중할 수 있기에 영상은 그 무엇보다 강력한 시청각 자료가 된다. 영상의 움직이는 이미지는 소리와

외고에서 통하는 엄마표 영어의 힘

조화를 이루어 문장의 이해를 돕고, 전체 맥락을 이해하는 데 도움이 된다. 아이가 좋아하는 영상이 있으면 계속 반복해서 보려고 할지도 모른다. 영상 보는 것이 재미있다는 증거다.

애니메이션이든 TV 드라마든 보통은 한 시리즈가 다양한 에피소드로 구성되어 있어 반복이라는 느낌은 전혀 들지 않는다. 그렇다고 해서 아이의 성향을 고려하지 않은 채 같은 영상이나 시리즈를 계속 보도록 강요해서는 안 된다. 반복을 싫어한다면 아이가 좋아하거나 관심을 갖는 것을 보여준다.

영상을 보더라도 처음부터 모든 소리가 다 들릴 수는 없다. 처음에는 한 단어로 시작해서 끊어 읽는 덩어리 형태인 구, 그리고 문장으로 듣기의 확장이 이루어진다. 듣기가 충분히 이루어지면 어느 순간 아이가 영상의 대사를 따라 하거나 다음 대사를 먼저 말하기도 하며 영어가 내재화되는 과정을 겪는다. 영상을 보는 데 익숙해지면서 말하기까지 연결되는 과정이다. 부모가 시킨다고 되는 일이 아니라, 인풋이 누적되어 자신도 모르게 문장을 말하는 것이다. 영상 내용이 재미있어서 즐기다 보니 영어가 저절로 체화되는 것이라 볼 수 있다. 이때는 주인공이 말하는 단어가 들리고 문장이 익숙해지면서 전체적인 영어 실력이 높아진다. 영상을 보며 영어를 체득하도록 노출의 기회를 충분히 주어야 한다.

영화로 원서의 경험을 풍부하게

원서와 관련 있는 영화가 있다면 함께 보는 것도 좋다. 원서 읽기의 깊이를 더해주면서 영화를 더 즐기게 된다. 영화 자체의 호흡이 길어도 내용이 재미있다면 몰입할 수 있다. 원서 기반의 영화를 보면 책을 이해하기가 더 쉽고 전체 흐름을 파악하는 데 도움이 된다. 원서를 먼저 읽고 영화를 보기도 했고, 영화를 먼저 보고 원서를 나중에 보기도 했다. 책을 읽는 시기와 영화를 보는 시기가 일치하지 않아도 상관없다. 원서를 기반으로 한 영화라 하더라도, 영화의 내용은 조금 다르게 구성되어 있을 수 있다. 아이들은 원서와 영화의 내용이 살짝 다른 디테일한 장면을 찾아 비교하며 또 다른 재미를 느낀다. 영화는 원서를 더욱 풍성하고 재미있게 만들어주는 요소다. 원서를 읽으며 떠올렸던 이미지를 영화를 통해 구체화하는 것이다. 원서와 영화가 상호 작용하며 시너지를 일으키는 과정이다.

외고에서 통하는 엄마표 영어의 힘

영어 영상물
시청에 관한 궁금증

영상을 봐도 영어 실력이 늘지 않는다면

천 리 길도 한 걸음부터다. '영상을 보는 게 과연 영어 실력에 어떤 도움이 될까?' '영상으로 진행하는 방법이 맞기는 한 걸까?' 하는 걱정은 미리부터 할 필요가 없다. 시작하지 않았을 때의 막연한 두려움일 뿐이다. 아이들 정서에 맞는 쉬운 것으로 시작한다. 아이가 관심을 갖는지 살피면서 매일 일정 시간 꾸준히 시청할 수 있어야 한다. 지문을 읽고, 쓰고, 문제를 풀어야만 공부를 하는 게 아니다. 영상을 보는 것은 그 이상을 자연스럽게 해결해주는 도구다.

집중해서 영상을 보고 있는 아이에게 "주인공이 무슨 말을 했는지 이해하니?" "내용을 알고 보는 거야?"라며 흐름을 방해하지 않아야 한다. 엄마로서는 궁금하기도 하고 이해했는지 확인해보고 싶겠지만 전혀 그럴 필요가 없다. 아이가 편안한 마음으로 영상을 즐기는 것이 최우선이다. 아이들이 영상을 보고 있으면 왠지 놀고 있는 것 같아 조급한 마음이 들 수 있다. 일정 기간은 아무런 변화가 없는 것처럼 보이기도 한다. 임계점에 도달하기 전의 잠복기는 반드시 있기 마련이다. 듣기가 충분하면 어느 순간 폭발적으로 언어 능력이 향상된다. 영상은 책과 더불어 임계점을 넘도록 도와주는 중요한 요소임을 잊지 말자.

영어 자막을 보기 원한다면

무자막으로 보는 것이 가장 바람직하지만, 아이가 자막을 원한다면 탄력적인 대처가 필요하다. 자막은 무조건 안 된다고 하기보다는 어느 정도 자막을 허용한 후에 다시 무자막으로 보는 방법도 괜찮다. 아이가 먼저 자막을 원한다는 것은 답답함을 해결하고 정확한 내용을 알고 싶기 때문이다. 아직 영어만 나오는 영상을 보는 것이 익숙하지 않아서일 것이다. 영상을 오랫동안 시청한 아이라면 자막 유무를 생각하지도 않고 영상을 볼 것이다. 자막이 없어도 이해가 가능하고 영상을 시청하는 데 전혀 문제가 되지 않기 때문이다.

외고에서 통하는 엄마표 영어의 힘

어른도 영어 공부를 하려고 자막 없이 영화를 보면 답답하기 마련이다. 이때 자막을 확인해보면 어이없게도 아주 쉬운 표현일 때가 많다. 그리고 모르는 부분을 전체적으로 해결한 후에 다시 무자막으로 봤더니 영화를 이해하기가 한결 수월해진 경험이 있을 것이다. 영어 자막을 원하는 아이가 있다면 보여주어도 괜찮다. 어느 정도 자막과 소리에 익숙해지면 다시 무자막으로 돌아가면 된다. 자막을 원할 때 영어 자막을 보여주면 자막과 영상 속도를 동시에 따라가기 버거울 수 있다. 주인공이 말하는 속도대로 자막을 볼 수 있는 아이는 이미 저력이 있는 아이다. 부분적으로 들리지 않았던 곳을 자막을 통해 해결하는 것이다. 무조건 무자막을 고집하기보다는 아이가 재미와 효율을 극대화할 방법이 무엇일지 생각해보자. 엄마가 상황을 잘 판단하고 유연하게 대처해야 한다.

영상 보기를 싫어한다면

영어 노출이 거의 없었거나 한글 영상만 봐왔던 아이는 영어 영상을 싫어할 수 있다. 영어가 익숙하지 않아 거부감이 들 뿐 충분히 있을 수 있는 일이라고 생각해야 한다. 아이로서는 갑자기 전혀 모르는 언어로 된 영상을 봐야 하니 당황스러울 수밖에 없다. 따라서 아이의 영어 이해 수준을 한번 살펴볼 필요가 있다. 영상을 본 경험이 거의 없는데, 영어 영상이 좋다고 무작정 보여주기만 해서는 거부감만 커진다. 이때는 아이가 좋아할 만한 영상이나 직관적으로 이해 가능한 것으로 시작한다. 아이가 익숙해질 때까지 부모가 함께하는 것이 좋다. 새로운 것에 적응하기까지 시간이 걸릴 수 있으니 영상이 재미있다는 경험을 천천히 늘려나가야 한다.

고학년인데 영어 노출 경험이 없는 아이도 있을 것이다. 아이의 영어 이해 수준이 낮아 영상을 보는 것을 싫어할 수도 있다. 영어 인풋이 거의 없는 상태에서는 영어를 이해하는 능력이 없다. 한국 나이 수준에 맞는 것을 보여주면 영어가 들리지 않고, 그렇다고 영어의 수준을 고려해서 보여주면 내용이 유치하다고 느낄 수 있다. 영어를 접한 경험이 부족해서일 뿐이니 아이를 절대 다그치지 않도록 한다. 이때는 고학년 아이의 관심사를 고려한 영상으로 시작해서 서서히 영상 시청의 경험을 늘려나가야 한다.

온라인 영어 동화 사이트
효과적으로 이용하기

영상을 통해 아이의 듣기를 폭발적으로 성장시킬 수 있었고, 영어 실력 전반을 균형 있게 다지면서 매일 스스로 찾아서 영상을 보는 습관도 잡히게 되었다. 가장 효과적인 매체 중 하나가 온라인 영어 동화였다. 다양한 온라인 매체가 있으니 필요한 것을 선택해서 꾸준하게 진행하기를 바란다.

여기서는 우리 아이들이 유아기부터 초등학생 때까지 가장 많이 이용한 사이트인 리틀팍스(www.littlefox.co.kr)를 기준으로 활용 방법을 소개해본다.

리틀팍스 활용하기

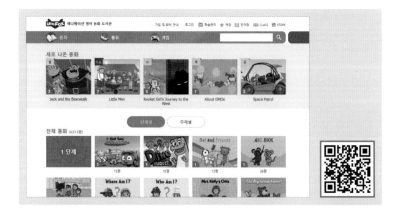

리틀팍스에서 제공하는 동화는 1단계부터 9단계까지 단계별로 분류되어 있다. 또한 인물, 역사, 가족, 학교, 고전 작품 그리고 파닉스 등 다양한 주제로도 구분되어 있다. 아이의 수준에 맞게 원하는 부분부터 듣기를 시작하면 되는데, 영어를 처음 접하는 아이라도 기초 단계부터 부담 없이 시작할 수 있다.

듣기가 어느 정도 익숙해지면 단계를 구분하지 않고 아이가 스스로 선택하는 동화를 충분히 듣게 해주자. 엄마가 동화나 단계를 지정해줄 필요는 없다. 우리 아이들이 영어를 오랫동안 꾸준히 할 수 있었던 이유는 좋아하는 스토리를 마음껏 들을 수 있었기 때문이다. 영어책 읽기와 마찬가지로 아이가 기준이 되어야 한다. 좋아하고 재미있어야 몰입하고 지속할 수 있다.

외고에서 통하는 엄마표 영어의 힘

아이의 듣기 능력을 엄마가 제한하지 않았으면 한다. 처음 온라인으로 시작할 때 가이드가 필요하거나 아이가 원하는 경우에는 단계별 순서를 따라가도 좋다. 그러나 아이가 보고 싶은 동화가 있다면 단계에 얽매이지 말고 아이 스스로 결정하게 한다. 영상 보는 습관이 잘 이루어지면 그 이후에는 부모의 관여가 거의 필요 없다. 자신이 좋아하는 영상을 보는 데 집중하기 때문이다.

우리 두 아이는 『The Story of Dr. Dolittle』 『Journey to the West』 『Around the World in 80 Days』 『The Adventures of Tom Sawyer』 등 4단계에서 6단계에 있는 거의 모든 동화를 중심으로 반복해서 시청했다. 알고 있는 내용이지만 반복해서 보기를 좋아해서 부담 없이 마음껏 보게 했다. 아이가 보기 싫으면 절대 반복하지 않으니 아이의 선택을 믿어보자.

리틀팍스 외에도 좋은 온라인 영어 프로그램이 많다. 몇 가지를 소개하니 비교해보고 아이에게 맞는 사이트를 골라보길 바란다.

- **리딩앤:** www.readingn.com
- **라즈키즈:** cafe.naver.com/rhkrazkids
- **리딩게이트:** www.readinggate.com

온라인 영어 동화의 세부 활용 방법

온라인 동화를 활용하는 여러 가지 방법을 제시해놓았다. 다만 이는 참고 사항일 뿐 아이가 선택하도록 자율성을 부여해보자. 사실 즐거운 듣기를 할 수 있다면 다른 부수적인 활동은 하지 않아도 무방하다.

● 전체 듣기

스토리를 선택해 전체 듣기를 해서 의미를 파악해나가도록 한다. 영어 자막을 선택하거나 자막이 아예 보이지 않게 할 수도 있다. 그동안 듣기를 지속해온 아이들은 자막에 크게 신경 쓰지 않아서 오직 스토리에 몰입한다면 자막이 없어도 무방하다. 자막 보기를 원한다면 자막과 함께 듣기를 한다. 영상의 소리를 들으며 책을 읽는 것처럼, 영어 자막을 따라가며 스토리를 이해하는 효과가 있다. 스토리와 함께 듣기 실력을 높일 수 있기에 전체를 한 호흡에 집중해서 들을 수 있도록 한다.

● 듣고 따라 말하기

한 문장씩 듣고 따라 말하기로 응용할 수 있다. 많이 들으면 문장이 익숙해져서 따라 말하기도 좀 더 쉽다. 한 문장씩 따라 읽으며 발음과 끊어 읽기를 배우게 된다. 소리 내서 따라 읽다 보면 유창성을 키우기에도 좋다. 하지만 다음 내용이 궁금한 아이에게 따라 말하기를 하라고 하면 싫어할 수도 있다. 한번 짧게 진행해보고 아이의 반응을 관찰해보자. 말하기를 연습한다고 따라 읽기를 하다 보면 과제로 생각해 오히려 듣기를 멀리할 수 있다. 싫어하면 굳이 하지 않아도 된다. 전체를 재미있게 듣는 것이 가장 중요하다.

● 퀴즈

퀴즈는 항상 풀어야 할까? 퀴즈는 스토리를 제대로 이해했는지 간단히 확인하는 장치다. 퀴즈를 풀며 내용을 확인하기도 하지만, 뒤에 올 내용이 궁금하다면 퀴즈 없이 다음 스토리를 들어도 된다. 동화의 내용을 이해했는지 파악해주는 수단이지만, 퀴즈 자체가 주가 되어서도 안 되고 아이가 정답을 맞히지 못했다고 나무라서도 안 된다. 듣기의 경험을 늘리면 내용 파악은 자연스럽게 해결된다. 퀴즈 활용 여부는 아이의 선택을 존중해주는 편이 즐겁게 오래가는 비결이다. 특히 유아기와 초등 저학년은 우선 아이들이 영어를 접하는 순간이 즐거워야 한다. 듣기를 우선으로 하고 스토리의 흐름에 방해받지 않는 선에서 퀴즈를 활용해보자.

● 말하기

읽고 들은 스토리를 바탕으로 말할 기회를 준다. 영어 듣기를 많이 한 아이들은 어느 순간 입이 근질근질해 그동안 들었던 문장을 표현하는 경우가 종종 있다. 말하기를 하고 싶다는 신호다. 현재 진행하고 있는 익숙한 책이나 듣기가 말하기의 재료가 된다. 줄거리를 엄마에게 말할 수도 있고, 같은 소재를 가지고 완전히 다른 이야기를 만들기도 한다. 이 시점에서는 정확한 문장으로 말하는 데 얽매이기보다는, 아이가 원하는 대로 자유롭게 말하는 분위기를 만들어준다. 듣기로 시작한 영어 동화로 내용을 요약하고 말하기 실력을 키울 수 있다.

● 읽기

동화 원문을 프린트해서 읽기 자료로 활용한다. 충분한 듣기가 이루어진 후에 하는 것이 좋다. 우리 아이의 경우 따옴표가 들어간 대화문은 주인공의 감정과 느낌을 살려 그대로 말할 정도로 듣기가 익숙해져 있었다. 다시 한번 강조하지만 듣기는 읽고 말하고 쓰기로 확장시키는 가장 기본적인 요소다. 처음 읽기를 시도할 때는 아이가 대화문을 읽고, 엄마가 나머지를 읽어주는 것도 방법이다. 그러다 서서히 전체 문장 읽기도 시도해볼 수 있다. 동화 원문을 읽은 후 동화 시리즈의 전체로 좋아하는 책을 만들어나갈 수도 있다.

● 쓰기

쓰기도 프린트를 해서 이용한다. 낮은 단계에서는 단어나 짧은 문장 따라 쓰기로 시작해봐도 좋다. 8단계부터 있는 'Writing

Topics'을 이용해 주어진 주제로 쓰기 연습을 할 수 있다. 하지만 동화 사이트를 이용해 쓰기까지 굳이 할 필요는 없다. 원하면 해도 되지만, 자칫 주객이 전도되어 쓰기에 대한 부담감을 느끼면 안 되기 때문이다.

가장 중요한 점은 영상을 재미있게 보는 것에 중점을 두는 것이다. 지금까지 이야기한 모든 활용 방법은 선택 사항일 뿐이다. 두 아이 모두 이런 활동을 조금씩 해보기는 했지만, 영상을 보면서 동화의 스토리에 집중하는 것을 가장 좋아했다. 모든 기준은 아이의 성향임을 기억하기 바란다.

영어 노출에 좋은
추천 영상 콘텐츠

영상물의 재미를 아는 아이라면 영상 보기는 자연스러운 생활의 한 부분일 것이다. 영상은 재미와 감동을 주는 것은 물론 영어 전반의 실력을 마련해주는 강력한 도구다. 유아 눈높이에 맞는 영상부터 서서히 수준을 높여나가보자.

영상 리스트는 두 아이가 즐겁게 보았던 영상을 중심으로 정리해보았다. 리스트는 참고일 뿐 절대적인 기준은 아니니, 아이가 좋아하는 것을 중심으로 영상을 시청하기 바란다. 꾸준한 실천으로 책과 영상 보기의 선순환이 이루어지고 영어 실력이 한층 더 탄탄해질 수 있다.

외고에서 통하는 엄마표 영어의 힘

Arthur

Berenstain Bears

Between the Lions

Blue's Clues
(블루스 클루스)

Caillou

Clifford the Big Red Dog
(사랑해 클리포드)

Dora the Explorer
(도라 디 익스플로러)

GoGo's Adventures with
English
(고고의 영어모험)

Little Bear

Maisy

Max and Ruby
(맥스와 루비)

Sesame Street

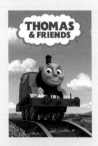

Thomas & Friends
(토마스와 친구들)

Timothy Goes to School
(티모시네 유치원)

Wee Sing Together

외고에서 통하는 엄마표 영어의 힘

A Bug's Life
(벅스 라이프)

Beauty and the Beast
(미녀와 야수)

Big Hero
(빅 히어로)

Bolt
(볼트)

Car
(카)

Cloudy with a Chance of
Meatballs
(하늘에서 음식이 내린다면)

Finding Nemo
(니모를 찾아서)

Frozen
(겨울왕국)

Hotel Transylvania
(몬스터 호텔)

How to Train Your Dragon
(드래곤 길들이기)

Ice Age
(아이스 에이지)

Inside Out
(인사이드 아웃)

Jimmy Neutron Boy
Genius
(천재 소년 지미 뉴트론)

Kung Fu Panda
(쿵푸팬더)

Madagascar
(마다가스카)

Meet the Robinsons
(로빈슨 가족)

Monsters University
(몬스터 대학교)

Monsters, Inc.
(몬스터 주식회사)

외고에서 통하는 엄마표 영어의 힘

One Hundred and One
Dalmatians
(101마리 달마시안)

Peter Pan
(피터 팬)

Puss in Boots
(장화 신은 고양이)

Ratatouille
(라따뚜이)

Shrek
(슈렉)

Tangled
(라푼젤)

The Lion King
(라이온 킹)

The Polar Express
(폴라 익스프레스)

The Tale of Despereaux
(작은 영웅 데스페로)

Toy Story
(토이 스토리)

Up
(업)

Zootopia
(주토피아)

* 추천 영어책과 중복되는 작품도 있음

A Series of Unfortunate
Events
(레모니 스니켓의 위험한 대결)

Arthur
(아서)

Because of Winn-Dixie
(윈-딕시 때문에)

Bridge to Terabithia
(비밀의 숲 테라비시아)

Charlie and the Chocolate
Factory
(찰리와 초콜릿 공장)

Charlotte's Web
(샬롯의 거미줄)

Curious George
(큐리어스 조지)

Diary of a Wimpy Kid
(윔피키드 다이어리)

Fantastic Mr. Fox
(판타스틱 Mr. 폭스)

Geronimo Stilton
(제로니모 스틸턴)

Harry Potter
(해리 포터)

Holes
(홀즈)

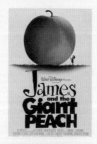

Horrid Henry
(호리드 헨리)

How to Train Your Dragon
(드래곤 길들이기)

James and the Giant
Peach
(제임스와 거대한 복숭아)

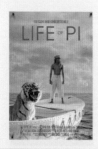

Life of Pi
(라이프 오브 파이)

Little Bear
(리틀 베어)

Magic School Bus
(매직 스쿨 버스)

Matilda
(마틸다)

Percy Jackson
(퍼시 잭슨)

SpongeBob SquarePants
(스폰지밥 네모바지)

외고에서 통하는 엄마표 영어의 힘

Stuart Little
(스튜어트 리틀)

The Cat in the Hat
(더 캣 인더 햇)

The Chronicles of Narnia
(나니아 연대기)

The Giver
(더 기버)

The Hobbit
(호빗)

The Hunger Games
(헝거게임)

The Lord of the Rings
(반지의 제왕)

The Spiderwick Chronicles
(스파이더위크가의 비밀)

Wonder
(원더)

Akeelah and the Bee
(아키라 앤 더 비)

August Rush
(어거스트 러쉬)

Avatar
(아바타)

Avengers
(어벤져스)

Babe
(꼬마 돼지 베이브)

Baby's Day Out
(베이비 데이 아웃)

Benji
(벤지)

Big Fat Liar
(빅 팻 라이어)

Billy Elliot
(빌리 엘리어트)

Dead Poets Society
(죽은 시인의 사회)

Duma
(듀마)

Eight Below
(에이트 빌로우)

Gravity
(그래비티)

Home Alone
(나홀로 집에)

I am Sam
(아이 엠 샘)

Interstellar
(인터스텔라)

Iron Man
(아이언맨)

Jumanji
(쥬만지)

Jurassic Park
(쥬라기 공원)

La La Land
(라라랜드)

Mrs. Doubtfire
(미세스 다웃파이어)

Night at the Museum
(박물관이 살아 있다)

School of Rock
(스쿨 오브 락)

Sky High
(스카이 하이)

Snow buddies
(스노우 버디즈)

The Blind Side
(블라인드 사이드)

The Martian
(마션)

외고에서 통하는 엄마표 영어의 힘

The Parent Trap
(페어런트 트랩)

The Pursuit of Happyness
(행복을 찾아서)

The Sound of Music
(사운드 오브 뮤직)

TV 시리즈물과 미드

초등 고학년으로 들어서면서 기존 애니메이션이나 디즈니 영화와
는 다른 볼거리가 필요했다. 시리즈물이나 드라마는 시즌별로 되어
있어 재미있다면 지속해서 보는 장점이 있다. 영화처럼 상영 시간
이 길지 않아 자투리 시간을 활용하기에도 좋다. 처음에는 주로 또
래 아이들이 등장하는 코미디를 먼저 보았는데, 전체 길이도 짧아
집중하기 좋았다. 내용이 재미있으니 아이들이 드라마 보는 시간을
기다릴 정도였다. 드라마를 통해 일상생활에서 사용하는 구어체 문
장도 자연스럽게 접하게 되었다.

Bill Nye the Science Guy
(빌 아저씨의 과학 이야기)

Drake & Josh
(드레이크와 조쉬)

Full House
(풀 하우스)

Good Luck Charlie
(찰리야 부탁해)

Hannah Montana
(한나 몬타나)

Horrible Histories
(호러블 히스토리스)

iCarly
(아이칼리)

Jonas
(조나스, 우리는 스타!)

Kim Possible
(킴 파서블)

Phineas and Ferb
(피니와 퍼브)

Sam & Cat
(샘 & 캣)

Sonny with a Chance
(유쾌한 서니)

The Suite Life of Zack & Cody
(잭과 코디, 우리 집은 호텔 스위트 룸)

Victorious
(빅토리어스)

Wizards of Waverly Place
(우리 가족 마법사)

7장

외고에서도 통하는 공부법

영어책 읽기 습관이
공부 습관으로

책 읽기로 시작된 공부 습관

우리나라에서 입시를 준비하는 고등학생은 교과 관련 이외의 책을 읽을 여유가 사실상 거의 없다. 책을 읽으려고 계획한다 하더라도 당장 내신과 수능 준비만으로도 해야 할 일이 많아 독서 시간을 갖기가 쉽지 않다. 하물며 영어책을 읽는 것은 더욱이 말할 것도 없으리라. 하지만 절대적인 독서 시간은 줄어들더라도 영어책을 평소에 읽어왔다면 하던 것을 계속 유지할 확률은 높다. 큰아이도 이전까지의 영어책 읽기 경험이 있었기에, 고등학교에 가서도 틈틈이 원서를 읽었다. 무엇보다 이러한 책 읽기는 단지 영어 실력뿐만 아니라 스스로 공부하는 습관을 잡아주었다고 생각한다. '영어책 읽기만으로는 절대 입시를 해결할 수 없다'고 말하는 부모님도 있다. 그런데 사실 영어책 읽기로 영어의 기본과 내공이 갖추어진 상태에서의 입시 준비는 그 어떤 방법보다 강력하고 매우 효과적이다.

사고력을 키워주는 책 읽기

영어책이든 한글책이든 아이는 재미있게 책을 읽으면서 좋은 독서 습관을 갖게 되었고, 더 나아가 논리적인 사고력과 상상력을 키울 수 있었다. 책을 읽는 힘은 영어뿐만 아니라 다른 과목을 공부하는 밑거름이 되었다. 고등학생 때는 책을 충분히 읽을 만큼 시간적·심리적으로 여유롭지 않은데, 어렸을 때부터 책 읽기가 습관이 된 아이는 장기적인 관점에서 공부할 수 있는 시간을 많이 확보할 수 있었다. 즉 효율적인 시간 관리가 가능했던 것이다.

평소의 읽기 습관은 교과서나 지문을 빠르게 읽고 이해하는 능력은 물론 공부하는 태도를 지니게 해주었다. 공부는 기본적으로 읽기 능력에서 출발한다. 지문에 대한 이해력과 독해력이 기본 전제다. 지문을 해석하는 능력, 이해를 넘어서 응용까지 할 수 있는 능력이 필요하다. 물론 이는 수치화해서 객관적으로 알 수는 없는 부분이고, 책을 한 권 더 읽었다고 당장 성적이 향상되는 것은 아니

외고에서 통하는 엄마표 영어의 힘

다. 하지만 보이지 않는 하루하루가 쌓인 결과는 생각보다 크다. 하루아침에 좋은 습관이 만들어지지는 않는다. 어떤 과목이든 기초를 탄탄하게 다지려면 꾸준히 반복해 공부해야 한다. 그런 의미에서 독서 습관은 공부의 기초 체력을 키워주는 필수 과정이었던 셈이다. 몇 번 시도하다가 그치지 않고 꾸준하게 해야 하는 이유다.

효율적인 공부 방법 찾기

학생마다 다양한 방법으로 공부를 한다. 혼자서 공부하기도 하고, 인터넷 강의와 개인 과외 또는 여러 가지 이유로 학원을 이용하기도 한다. 자신의 목표를 향해 노력하는 중요한 시기인 고등학생 때는 더욱 그렇다. 학원을 이용하는 이유는 부족한 부분을 보강하거나, 알고 있는 부분을 더 확실하게 다지기 위함이다. 때로는 혼자 공부하기 불안한 마음에 이런 교육 시스템 속에 자신을 놓아두기도 한다. 다른 학생 대다수가 하고 있어서가 아니라, 본인 스스로 필요하다고 생각해서 선택하는 힘이 필요하다. 결국 어떤 방법을 이용하든 스스로가 깊이 있게 공부해야 한다는 데는 변함이 없다. 아무리 유명한 선생님의 수업을 들어도 나머지를 채워나가야 하는 것은 학생 자신이고, 누가 대신해줄 수 없는 부분이다. 일방적으로 듣기만 하는 수업은 한계가 있기 마련이다. 외부의 도움을 받더라도 확실하게 공부할 수 있는 자신만의 방법을 찾아내는 것이 중요하다. 배운 내용을 자신의 것으로 만들려면 자기만의 방법으로 공부하는 과정이 꼭 필요하기 때문이다.

큰아이는 고등학교 수학은 학원의 도움이 필요하다고 해서 학원 수업과 병행해 공부했다. 나머지 과목들은 스스로 공부하는 편이 효율적이라고 해서, 부족한 부분을 극복해가며 혼자 공부하는 방법을 선택했다. 고등학교 때는 특히 시간 관리와 자신에게 맞는 공부 방법을 찾는 것이 무엇보다 중요하다. 결국 본인 스스로가 선택한 방법을 믿고 실천하는 것이 실력을 탄탄하게 만드는 길이다.

외고에서 통하는 엄마표 영어의 힘

자기주도학습으로
실력을 만들어나간다

고교·대학 진학 시 자기주도학습은 필수

큰아이가 외국어고등학교 입학 시 작성해야 했던 자기소개서 양식을 살펴보려고 한다. 2021학년도 신입생 입학 전형 요강을 살펴보면, 첫 번째 문항은 "본인이 스스로 학습 계획을 세우고 학습해온 과정과 그 과정에서 느꼈던 점을 구체적으로 기술하라." 또는 "학습을 위해 주도적으로 수행한 목표설정·계획·학습 그리고 그 결과 평가까지의 전 과정을 구체적으로 기술하십시오."다. 학교별로 미세한 차이는 있지만, 자세히 살펴보면 문항마다 출제 의도가 비슷한 맥락이라는 것을 알 수 있다. 학습을 위해 주도적으로 계획하고 실행한 전 과정, 즉 자기주도학습 역량을 확인하는 문항이다.

마찬가지로 2021학년도 대학 입학 수시모집의 자기소개서 1번 공통문항은 "고등학교 재학 기간 중 학업에 기울인 노력과 학습 경험을 통해, 배우고 느낀 점을 중심으로 기술해주시기 바랍니다."였다. 외고 입시와 대학 입시에서 자기소개서의 공통적인 사항이 바로 이 부분이다. 학업 계획을 세우고 노력한 과정과 경험을 쓰고, 그 과정에서 배우고 느낀 점을 구체적으로 써야 한다. 자기주도학습은 스스로 계획을 세우고 실행하는 능력이 필요하다는 것을 의미한다. 고등학교와 대학교 입시에서 자기주도학습 능력을 비중 있게 다루고 있음을 볼 수 있다. 학습 목표를 세우고 학습 내용과 방법 등을 스스로 정하는 것이 중요하다. 자신만의 효과적인 공부 방법을 찾는 것뿐 아니라 실천하는 과정까지 완성해야 한다. 주도적인 학습 습관을 가지면 부족한 부분을 파악하고 무엇을 어떻게 공부해야 할지 스스로 깨닫게 된다. 꼭 입시에 국한되지 않더라도 자기주도학습 능력은 학생들에게 필수로 요구되는 능력이다.

자기주도학습이란 무엇일까?

자기주도학습은 학생 스스로 공부 계획을 세우고 실천하는 능력을 말한다. 자기주도적으로 공부하려면 자신이 무엇을 알고 있고, 무엇이 부족한지를 스스로 알아야 한다. 자신이 무엇을 모르고 있는지조차 깨닫지 못한다면 자기주도학습은 불가능하다. 다만 혼자 힘으로는 극복하기 어려워 도움이 필요하다고 생각하면 학원이나 인터넷 강의 등으로 어려운 부분을 해결할 수도 있다. 즉 무조건 혼자서 공부하는 게 아니라, 상황에 맞게 공부 계획을 세우고 실천하는 능력을 의미한다. 공부 수준이 어떠하든 학생에게 쉬운 선택은 없다. 넓게는 초등학교 때부터 중·고등학교 내내 스스로 계획을 세우고 공부한 경험이 없다면 자기주도학습은 더욱 어려운 문제가 될 수밖에 없다.

그러나 부족한 부분에서 도움을 받더라도 전적으로 외부에만 의지해서는 안 된다. 공부한 내용을 결국엔 직접 소화해내야 한다. 기본에 충실하면서 심화 내용까지 탄탄하게 공부해나가야 한다. 수능으로 정시를 준비하는 학생이든, '내신이 곧 수시'인 상황에서 수시 준비를 하는 학생이든 스스로 선택한 효과적인 공부 방법을 찾아가야 한다. 내신 시험이나 수능을 준비하는 모든 과정이 자기 자신과 공부를 이겨내는 인내의 과정이다.

진정한 실력을 만드는 복습 시간

학생들이 많은 시간을 배우는 데만 집중하고 있지는 않은지 생각해봐야 한다. 학교나 학원에서 배운 것 이상으로 혼자 복습하는 시간이 필요하다. 학교나 학원에서 선생님에게 듣고 배우는 시간만으로 공부했다고 착각하는 경우가 많다. 배우는 시간과 별개로 자신의 것으로 완전히 익히는 '습(習)'의 시간이 필요하다. 이것이 바로 자신이 학습 계획을 세우고 실천하는 과정이다.

수업을 들은 것에 만족하고 부족한 부분을 채우지 않는다면 절대 자신의 실력이 될 수 없다. 너무 많은 수업으로 정작 공부할 시간이 부족한 것은 아닌지 살펴봐야 한다. 아는 내용은 더욱 확실히 자신의 것으로 만들고, 어려운 부분은 복습을 통해 정리하고 언제든지 응용할 수 있도록 익혀놓아야 한다. 이런 과정을 거쳐 자신의 경쟁력을 하나씩 쌓아나가는 것이다.

외고에서 통하는 엄마표 영어의 힘

고등학교 시기의
영어책 읽기와 영상물 보기

고등학교에서도 영어책을 읽고, 영화를 볼 시간이 있을까? 당장 학교 수업과 공부할 것이 많은데 과연 가능한 일일까? 이런 의문이 드는 부모님이 많겠지만, 우리 집의 경우 영어책 읽기와 영어 영상물 보기, 이 두 가지가 평소 영어 실력을 유지하는 방법이었다. 물론 큰아이의 이런 영어 공부 방법은 다른 학생들의 방법과는 조금 다르다. 어렸을 때부터 지속한 일과 중 하나였기 때문에 고등학교 시기에도 가능했고 가장 효과적인 방법이었다. 초등학교 때와 비교해서 영어책을 읽는 것도 영상을 보는 것도 절대적인 시간은 많이 줄었다. 하지만 평소에는 자투리 시간을 이용해 좋아하는 영화나 미국 드라마 등을 보고, 내신 기간에는 시험에 대비해 집중적으로 공부하는 방법을 택했다. 영화와 미국 드라마는 대화를 통해 살아 있는 영어를 그대로 습득하는 시간이니 공부에 대한 스트레스도 없었다.

학생마다 공부해온 방법이 다르기에 누구에게나 같은 방법이 적용될 수는 없다. 만약에 영어책 읽기 경험이나 영어 인풋 환경이 많지 않았다면 내신이나 수능에 최적화된 공부를 할 수밖에 없을 것이다.

요즘 어디에서든 영어를 잘하는 아이들이 워낙 많다. 특히 외고에서는 영어를 잘하는 것은 물론 언어 감각이 뛰어난 아이들이 많다. 그리고 다른 과목들 역시 실력을 유지하기 위해서는 만만치 않은 시간과 노력이 필요하다.

큰아이는 평소에 학교 야간 자율 학습을 주로 이용하고, 집에 돌아와서는 틈틈이 영화를 보았다. 그리고 아침에 학교 가기 전 영어 뉴스나 오디오 듣기를 계속했다. 물론 시험기간에는 단기간에 강도 높은 집중 공부가 필요하다. 하지만 시험기간을 제외하고 평소에는 좋아하는 영상을 주로 보면서 영어의 감각을 유지했다. 외고 영어 내신을 스스로 준비하는 데 영어책 읽기와 영상물 시청을 꾸준히 했던 것이 매우 도움이 되었다. 영어책 읽기는 영상 보는 것에 비해 훨씬 빈도는 낮았지만 그래도 꾸준히 유지했다. 결과적으로 고등학교에서도 자신이 좋아하는 콘텐츠를 이용해 영어의 감각을 계속 유지한 것이다.

외고에서 통하는 엄마표 영어의 힘

영어 내신과 수능을 뛰어넘는 방법

유아기 때부터 영어책이나 영상을 꾸준히 보여줬어도 아이가 초등 고학년이나 중학교에 들어서면 갑자기 마음이 급해지는 부모님들이 있을 것이다. 바로 코앞에 닥친 학교 시험과 수능 준비가 필요하기 때문이다. "공부할 시간도 부족한데 마음 편하게 무슨 영상을 본다는 거야?" "책과 영상만으로 어휘와 문법, 독해 등 내신에 필요한 부분을 해결할 수 있을까?"라고 반문하는 사람도 있을 것이다. 표면적으로는 영어책 읽기와 영상 시청이 학교 영어와 아무런 연관성이 없어 보이기도 하고, 마치 공부에서 손 놓고 있는 것같이 보일지도 모르겠다. 하지만 영어책과 영상에서 접하는 엄청난 양의 문장과 단어, 문맥을 통한 단어 유추 실력, 읽기와 듣기의 전반적인 이해 등 모든 요소가 모여 시험을 능가하는 실력을 만들어준다.

우리 아이들은 평소에는 영어책과 영상으로 감각을 유지하고, 내신이나 수능을 대비한 영어 공부는 시험 기간에만 집중하는 방법을 택했다. 이러한 방법으로 평소 다른 과목을 공부할 시간이 확보되었다. 아이가 좋아하는 것을 하면서 자투리 시간을 의미 있게 채워나갈 수 있었다. 영어책과 영상을 보는 시간은 입시 스트레스에서 잠시 벗어나 동시에 살아 있는 영어를 만나는 시간이었다. 영어 실력을 키워준 힘이다.

고등학교에서도 유지되는 영어 실력

원서를 즐겁게 읽어왔던 아이들, 좋아하는 영상을 보며 영어를 익혀왔던 아이들의 공통점이 있다. 고등학교 시기라도 영어 인풋이 이미 습관이 되어서 그대로 지속할 수 있다는 점이다. 절대적인 시간은 많이 줄었다고 하더라도, 이때는 영어책이나 영상을 보는 자체가 영어 실력을 유지하는 하나의 방법이 되어 있다. 이미 알고 있는 단어가 다른 문장에서 쓰이고, 모르는 단어는 문맥 속에서 유추하며 끊임없는 실력 다지기와 확장이 일어난다고 볼 수 있다.

고등학교에 가면 대입을 목표로 대부분의 학생들이 열심히 공부한다. 내신 시험이나 모의고사 어느 것 하나 쉽지 않은 상황에서 학생들은 심한 압박을 받는다. 영어 시험에서도 정해진 시간 내에 문제를 제대로 이해하고 풀어내야 하는 것이 관건이다. 하지만 원서 읽기를 꾸준히 해온 아이들은 읽기 속도나 지문에 대한 이해가 빠르고 정확한 편이다. 소설이나 논픽션 등 긴 호흡에 이미 익숙해져 있어서, 시험에 나오는 지문은 상대적으로 짧게 느껴질 정도다. 따라서 어떤 형태의 지문이든 빠르고 정확히 문제를 해결할 수 있다.

듣기 또한 마찬가지다. 오디오나 영상을 보고 들으며 듣기의 양이 누적되었다. 듣기도 꾸준히 하면 지문을 들으면서 빠른 이해와 정확한 내용 파악이 가능하다. 이것이 바로 영어 실력을 유지하는

외고에서 통하는 엄마표 영어의 힘

방법이고, 경쟁이 치열한 외고에서도 영어 학원을 대체할 수 있었던 비결이다. 꾸준히 영어 환경을 지속해온 것과 모국어 습득 방법으로 언어를 자연스럽게 익혀온 것이 고등학교에서도 빛을 발하게된 것이다.

지문 읽기로 준비하는 외고 영어 내신 공부법

교재 지문을 읽는 것이 시험 준비의 시작

대학 입시는 크게 정시와 수시로 나뉜다. 정시는 수능 시험을 대비해야 하고, 수시를 준비하는 학생들에게 내신은 시험마다 대입의 연장선이라고 볼 수 있다. 따라서 수시를 준비하는 학생은 모든 내신 시험을 잘 관리해야 한다.

　큰아이는 정시가 아닌 수시를 준비했다. 평소에 다른 방법으로 영어를 유지한다 하더라도 내신은 반드시 집중적으로 대비해야 한다. 학교에서 담당 영어 선생님이 제시한 해당 범위와 프린트가 중요하다. 또한 외부 지문이 무작위로 나올 수도 있는데, 내신을 출제

하는 선생님이 제시하는 가이드라인을 잘 따라야 한다. 여기에 자신만의 효과적인 방법으로 수업 내용을 소화하도록 노력을 기울여야 한다. 영어를 잘하는 아이들이라도 내신은 반드시 꼼꼼한 공부가 필요하다. 시험은 언제든 변수가 생길 수 있기 때문이다.

큰아이의 내신 공부는 다른 학생들이 공부하는 방법과 약간 달랐다. 시험 범위로 지정된 책이나 교재 전체를 일주일에 한 번씩 보는 것을 목표로 했다. 그리고 원서 읽기를 한 것처럼 내신도 읽기 위주로 시험을 준비했다. 때로는 소리 내어 영어 지문을 읽기도 하고, 묵독으로 빠르게 읽으며 지문을 익숙하게 만들었다. 내신에서 살펴봐야 할 단어의 쓰임, 문법적인 요소, 독해 등 전체 내용을 파악하면서 동시에 궁금한 사항을 해결해나갔다. 본인에게 효율적이라고 생각해 스스로 선택한 방법이다. 학생마다 공부 방법이 다르니 가장 효과적인 방법을 찾아가는 것이 무엇보다 중요하다.

반복 읽기로 준비하는 내신 시험

시험 기간이 되면 2~3주 동안 집중적으로 내신을 준비했다. 그동안 영어책과 영상을 통해 듣고 읽은 영어의 누적량이 많아서인지, 읽기를 어느 정도 반복하면 자연스럽게 지문이 외워진다고 했다. 내신 시험에서는 제한된 시간 안에 지문을 읽고 문제에 대한 정확한 답을 찾아야 한다. 첫 주에는 해당 범위 1회독을 목표로 야간 자율 학습 시간을 이용해 4시간 정도 집중해서 공부했다. 문제집이 시험 범위에 들어가는 경우는 문제 전체를 읽으며 확인했다. 내신 준비 기간에도 수업 진도를 계속 나가게 되는 경우가 많다. 그래서 2주 차에 두 번째 읽기를 하는 시간에는 기존 분량에 새로 추가된 부분까지가 공부에 포함된다. 즉 한 번 더 집중해 읽으며 정리하는 누적 학습법이었다. 마지막 3주 차는 시험을 보기 직전에 최종적으로 읽으며 정리하는 시간이었다. 시험 당일 아침에 전체적으로 한 번 빠르게 훑어보는 것으로 시험 준비를 끝냈다.

집중해서 읽는 반복 학습으로 어떤 지문이 나와도 머릿속에 지문이 그대로 떠올랐다고 한다. 어떤 그림이나 글을 기억에 남을 정도로 본다면 머릿속에 잔상이 남는 효과가 있다. 지문을 그만큼 많이 읽었기에 시험을 볼 때는 전체 내용이 자연스럽게 연결되어 기억에 남은 것이다. 시험 범위에 속하는 교재 위주로 반복해 읽음으로써 아이는 영어 성적을 잘 유지할 수 있었다. 읽으면서 어휘, 문법과 자신이 중요하다고 생각하는 부분을 확인한 것은 물론이다. 주로 야간 자율 학습의 정해진 시간 이내에 해당 분량을 끝마칠 수 있도록 노력했다. 공부 방법이 각자가 다르겠지만, 큰아이에게는 이 방법이 가장 효율적이었던 것 같다. 내신을 너무 두려워하지 말고 자신만의 방법으로 경쟁력을 만들어나가면 좋겠다.

외고에서 통하는 엄마표 영어의 힘

영어 실력과
학교 성적의 상관관계

영어 실력과 내신 점수의 관계

영어책과 영어 영상으로써 유지해온 실력이 고등학교 내신 시험에서 과연 얼마나 효과가 있을까? 우리 아이의 실제 영어 점수는 어땠을지 궁금한 분들이 많을 듯하다. 결과부터 이야기하자면, 내신과 수능만을 위한 공부가 아니었는데도 충분한 경쟁력을 유지할 수 있었다. 물론 아무리 영어 실력이 뛰어나더라도 내신에서 항상 1등급이 보장되는 것은 아니다. 외국에서 살다 온 아이라도 영어 시험에서 자유로운 학생은 거의 없다. 학교 영어 내신 점수는 마지막까지 결과를 지켜봐야 한다. 아무리 시험을 잘 봤다는 느낌이 있어도 결과는 상대적으로 평가되고, 난이도에 따라 등급이 나뉠 수 있기 때문이다.

외고뿐만 아니라 어느 학교든 마찬가지일 것이다. 고등학교 때는 특히 열심히 공부하는 학생이 많다. 실력이 뛰어나도 결국은 시험을 꼼꼼하게 준비한 아이들이 내신에서 더 좋은 결과가 나오는 법이다. 영어를 잘한다고 해서 반드시 영어 실력과 내신 성적이 정비례하지는 않는다. 영어를 잘한다면 유리한 상황에 있기는 하지만, 내신의 변별력을 위해 낸 문제에서 아쉽게 정답을 피해 가는 경우가 있다. 한 문제 차이로, 아주 미세한 점수 차이로 등급이 나뉘기도 한다. 결국 제한된 영역의 시험 범위 안에서 누가 더 준비하고 실수를 하지 않는지가 관건이다.

특히 외고에는 해외에서 살다 온 친구도 많고 영어를 잘하는 아이도 많지만, 내신에서는 항상 예외가 있을 수 있다. 그래서 더더욱 영어 실력과 상관없이 내신은 꼼꼼하게 준비할 수밖에 없다. 고등학교 내신은 상당히 넓은 영역이 시험 범위에 포함된다. 수업 시간에 선생님이 다루었던 부분이나 프린트 등 출제 범위에 있는 모든 내용을 완전히 자신의 것으로 만들어놓아야 한다. 내신은 기본적인 영어 실력과 더불어 실수하지 않도록 차분하게 준비하는 자세가 필요하다.

실제 내신 성적은?

내신 성적 한 학기의 원 점수는 중간, 기말, 수행평가까지 모두 합한 것이 기준이다. 학교마다 평가 기준은 다를 수 있다. 일정 구간의 점수대가 비슷한 친구들끼리의 경쟁이 워낙 치열해서 나름 높은 점수라 생각해도 결과가 예상 밖일 때도 있다. 상대평가이기 때문에 시험을 잘 보았다고 생각해도 등급은 낮을 수 있고, 못 보았다고 생각하는 시험에서 의외로 높은 등급이 나올 수도 있다. 전체적으로 시험 난이도가 높아서 최종 점수가 약간 낮다고 생각했는데도 내신 등급은 가장 높았던 적이 있다.

반면 높았다고 생각한 원 점수임에도 바로 앞에서 커트라인이 나뉘어 등급이 내려간 적도 있다. 전체 인원 대비 등급별 퍼센트가 정해져 있어서다. 상대평가로 전체 인원 대비 4%까지 1등급, 11%까지 2등급, 23%까지는 3등급으로, 누적 비율로 계산해나가면 된다. 자신이 받은 점수 바로 앞에서 등급이 나뉠 수 있다는 점을 항상 고려해야 한다.

문제마다 점수 배점도 모두 다르다. 학교마다 채점 기준이 있으니 살펴봐야 한다. 그래서 한 문제를 틀려도 어떤 문제를 틀렸느냐에 따라 점수가 달라지고 등급이 나누어진다. 다른 과목과 마찬가지로 영어 내신도 워낙 치열하다 보니, 원하는 등급을 유지하기가 절대 쉽지는 않다. 하지만 기본적인 영어 실력을 갖추고 있다면 크게 두려워할 일은 아니다. 상대적으로 훨씬 유리한 상황에서 시험을 준비하고 있다고 볼 수 있다. 시험에 최선을 다하고 결과는 받아들일 수밖에 없다.

모의고사는 평소 실력 그대로

모의고사는 내신에 비교하면 상대적으로 압박도 적고, 넓은 범위에서 출제되는 것이라 부담이 훨씬 덜하다. 내신은 꼼꼼히 준비해야 하지만, 영어 모의고사는 특별한 준비가 없어도 항상 자신 있어 했던 시험이다. 모의고사는 범위의 제약에서 벗어나 전반적인 영어 실력을 총체적으로 평가한다. 따라서 어느 일부분을 공부한다고 갑자기 실력이 향상되는 것도 아니고, 실전에서 그동안 쌓아온 역량이 드러나게 되어 있다. 상대적으로 영어책과 영상을 통해 영어를 접해왔던 아이들은 평소에 늘 자기도 모르게 영어 공부를 하고 있었기에 모의고사에서도 실력을 검증받을 수 있었다.

영어책과 영화 대사는 자연스러운 읽기와 듣기 공부가 되었다. 영화를 보며 주인공들의 대사를 정확히 알아듣고, 전체적인 내용을 파악하며 영어의 뉘앙스와 감각을 읽어내는 것이 저절로 훈련되었다. 영상을 많이 봐온 터라 다양한 주제의 발음과 억양에 익숙해졌을 뿐만 아니라, 다양한 주제의 듣기 훈련이 되었다고 볼 수 있다.

평소에 고등학교의 야간 자율 학습을 마치고 돌아와서 영화 보는 시간을 계속 유지한 덕분이다. 영상을 보는 습관은 영어책 읽기와 더불어 영어 실력을 유지해준 최고의 비결이다.

영어책과 영상으로
영어 인증시험까지

외고를 목표로 한다면

외고를 준비한다면 토플이나 텝스 중 어떤 것을 준비해야 할까? 인증시험이 반드시 필요한 것은 아니고, 학교마다 영어 수업을 하는 방식과 교재가 모두 다르다. 목표로 하는 학교에 알아보는 것이 사실 가장 정확하다. 외고를 목표로 한다고 해서 인증시험 자체만을 위해 공부하는 것은 바람직하지 않다. 특히 초등학생이라면 더더욱 듣기와 읽기 등 인풋에 집중해서 영어 내공을 만들어가는 것이 중요하다. 원서나 영상을 통해 평소 영어 환경을 유지해야 함은 물론이다. 그 후 인증 점수가 필요하거나 실력이 궁금한 경우 점검 차원

외고에서 통하는 엄마표 영어의 힘

에서 시험을 보는 것이 적절하다. 영어의 인풋이 없는 상태라면 아무리 인증시험을 위한 준비를 해도 점수를 올리기에는 한계가 있기 마련이다.

영어의 기본기가 탄탄한 경우에는 시험의 유형만 조금 익히면서 인증시험을 자신이 어느 정도의 수준인지 파악하는 용도로 활용한다. 시험일이 다가오면 홈페이지나 모의고사를 통해 시험의 형태나 시간 배분 등 필요한 사항을 확인해본다. 외부의 도움을 받는다 하더라도 아주 짧은 기간에 끝내는 것을 목표로 해야 한다. 영어가 충분하지 않은 상태에서 인증시험만을 목표로 하는 것은 무의미한 일이다. 고등학교 입학 시 자기소개서에 기재해서도 안 되고, 기재하는 순간 0점 처리된다.

큰아이는 중학교 3학년 초에서야 외고를 목표로 하기로 최종 결정을 내렸다. 고등학교 진학이 1년도 채 남지 않은 시점이었다. 아이가 어느 정도 실력을 갖추고 있는지 확인해보고 싶어 IBT 토플 시험을 보았다. 다른 인증시험과 달리 독해(reading), 청해(listening), 말하기(speaking) 및 작문(writing) 4개 영역을 평가하기에 객관적인 판단을 할 수 있을 거라고 생각했다. 처음 본 토플이지만 충분히 만족할 만한 점수를 받았다. 우리 아이보다 더 잘하는 아이도 많겠지만 비교는 무의미하다. 긴 지문을 읽고 요점을 찾는 문제, 세부 내용을 물어보는 문제 등 그동안 원서를 읽었던 경험이 크게 도움이 되었다고 생각한다. 듣기도 긴 지문을 듣고 주제나 디테

일한 사항을 수월하게 파악해낼 정도로 자신 있던 부분이었다. 토익과 텝스도 마찬가지다.

인증시험은 영어가 충분히 내재된 상태에서 실력을 알아보는 정도로 접근해보는 것이 바람직하다고 생각한다. 외고를 목표로 한다고 해서 영어 방법이 특별히 달라질 것은 없다. 아이의 영어 내공과 실력을 쌓아가는 방향으로 나아가야 한다.

영어는 넓은 안목으로

현재 유아나 초등학교에 다니는 자녀를 둔 부모님이라면 넓은 안목으로 영어를 준비하기 바란다. 이 시기부터 영어를 시험, 대입이나 인증시험과 결부시킬 필요는 없다. 많이 듣고 읽어서 언어의 감각을 만들어놓는 것이 중요하다. 초등 고학년이 되었다고 해서 불안한 마음에 무조건 단어나 문법, 문제 풀이 위주로 영어를 공부시키는 방법은 지양했으면 한다. 영어의 내공을 쌓는 것이 우선순위다. 충분히 듣고 읽으며 영어를 자연스럽게 습득하는 데 집중해야 한다. 단순히 외우고 독해 문제를 분석하는 지엽적인 방법보다 훨씬 효과적이다. 특히 유아와 초등학교 시기에 재미있는 책과 영상을 보며 영어 감각을 키우는 것이 필요한 이유다.

시험 점수에 신경 쓰기보다는 충분한 읽기와 듣기에 집중하는 것이 바람직하다. 초등학생이 수능용 영어 시험지로 시험을 보면 만점자도 나오는 것이 현실이다. 만점이라는 점수에 너무 큰 의미를 부여하기보다는 기본 실력을 탄탄하게 다지는 데 집중해야 한다. 내신이나 수능은 입시의 한 과정이지 영어의 최종 목표는 아니다. 장기적으로는 모국어처럼 편안하고 자유롭게 영어를 구사하는 것을 목표로 해야 한다.

텝스, 토플, 토익, 결국 모두 같은 시험

텝스, 토플, 토익은 홈페이지를 보면 각 시험에 대해 다음과 같이 설명하고 있다.

텝스(TEPS)는 서울대 언어교육원에서 개발한 시험으로, 영어를 외국어로 사용하는 학습자의 영어 실력을 정확히 측정하고, 영어 교육 및 평가의 국제적인 추세를 반영해 경쟁력 있는 세계 시민으로서 갖추어야 할 영어 능력을 평가하는 시험이다.

토플(TOEFL IBT)은 전 세계에서 시험, 취업 및 이민용으로 가장 많이 인정되는 영어 능력 시험이다. 읽기, 듣기, 말하기, 쓰기 네 가지의 영역을 통합해서 영어 실력을 측정한다.

토익(TOEIC)은 영어가 모국어가 아닌 사람들을 대상으로 커뮤니케이션 능력에 중점을 두고 일상생활 또는 국제업무 등에 필요한 실용영어 능력을 평가하는 글로벌 평가 시험이다.

인증시험의 목적과 시험의 형태, 난이도는 모두 다르지만 결국은 영어 실력을 평가하는 시험이다. 영어 실력이 내재되어 있다면 어떤 종류의 인증시험에서도 자신의 역량을 충분히 드러낼 수 있다.

고등학교 입학을 바로 앞둔 시점에 큰아이가 토익 시험을 처음 봤었다. 이때는 학생이 굳이 토익 시험을 봐야 하는 이유가 없었다. 하지만 그해 봄에 곧 신토익으로 유형이 바뀐다고 해서 궁금한 마음에 시험을 보았다. 텝스는 외고에 입학한 바로 직후에 재학 기간 중 점수가 필요해서 보게 되었다. 고등학교 자체적으로 학생들의 실력을 확인하는 차원이었는데, 어차피 볼 시험이라면 빨리 보는 편이 좋을 것 같아서 입학 후 학기 초에 바로 응시했다. 두 시험 모두 만족할 만한 수준의 점수를 받았다. 특히 듣기는 인증시험과 수능을 비롯한 모든 시험에서 만점을 받을 정도로 자신이 있었던 분야다. 그동안 원서와 영상물 위주로 영어를 축적해온 결과라고 생각한다.

비교적 시간 여유가 있는 유아기와 초등기에 영어 실력을 탄탄히 다지는 데 집중하면 좋겠다. 영어의 실력이 충분하다면 필요할 때 어떤 형태의 시험을 보더라도 실력에 상응하는 점수가 나오기 마련이다. 충분한 영어 인풋이 있는 상태에서는 어떤 시험도 두렵지 않을 것이다. 기본 실력만 있다면 시험별 유형을 미리 확인하고 짧은 시간 집중해 충분히 대비할 수 있다. 단편적인 점수에 연연하

외고에서 통하는 엄마표 영어의 힘

지 않고 진정한 언어 능력을 키우는 것을 목표로 하는 것이 중요하다.

토익이나 토플 등 점수가 고득점이어도 자신 있게 의사 표현을 못 하는 경우가 있다. 점수와 비례해 반드시 영어 말하기와 쓰기를 잘하는 것은 아니다. 점수가 잘 나왔다면 단순히 시험 점수만을 목표로 공부했을 가능성이 크다. 장기적인 관점에서 인증시험은 실력을 확인하는 한 과정이라고 생각하자. 자발적인 독서와 영상 시청을 통해 전체적으로 선순환이 이루어지는 영어를 접할 수 있기를 바란다. 영어를 도구로 자신의 세계를 넓혀나가고 국제적인 감각을 키워나가게 하자.

에필로그

엄마표 영어,
지금 시작하세요!

영어책을 들여다보며 처음 책을 읽어주던 순간, 매일 잠자리에 들며 책을 읽던 순간이 떠오릅니다. 손때 묻은 영어책을 넘겨 보는 즐거움도 있었지요. 아이들이 좋아하는 방법으로 꾸준히만 한다면 엄마표 영어는 누구나 해볼 만한 방법이라고 생각합니다. 아이마다 속도의 차이는 있을 수 있어요. 하지만 괜찮아요. 아이들에게 충분한 시간을 주고 엄마의 사랑을 듬뿍 주세요.

자녀의 영어 때문에 고민하는 분들이 이 책을 읽은 후 "이 정도면 나도 할 수 있겠다."라는 마음이 들면 좋겠어요. 영어를 처음 시작해서 무엇부터 해야 할지 막막한 부모님들에게 희망이 되는 책이었으면 좋겠습니다. 중간에 방향을 잃고 초조한 마음이 든다면 한 발 물러나보세요. 아이들이 즐길 수 있도록 믿고 기다려주세요.

어찌 보면 특별한 것 없는 단순한 방법입니다. 영어를 접할 수 있는 환경을 만들고 그 안에서 마음껏 영어를 즐길 수 있도록 해주는 것이지요. 아이가 영어책 읽기의 즐거움을 알고, 영상을 집중해 보면서 키득키득 웃음 터뜨리는 모습을 발견한다면 이제 영어의 선순환 과정에 들어선 겁니다. 이때 아이가 마음 편하게 집중하도록 시간을 주는 것이 엄마가 할 일입니다. 재미있어 하는 책과 영상을 함께 찾아간다면 아이도 적극적으로 영어에 관심을 두게 될 것입니다.

『트렌드 코리아 2021』에서는 "코로나 사태로 바뀌는 것은 트렌드의 방향이 아니라 속도다."라고 했습니다. 이 말을 영어 교육의 관점에서 생각해볼게요. 방향의 중요성을 알기에 처음 문장을 접하고는 다소 의아했어요. 처음 방향이 잘못되면 완전히 다른 결과를 가져올 뿐만 아니라, 나중에 수정하면서 더 많은 시간과 노력, 비용이 들기 때문이죠. 여기서는 방향의 중요성을 간과하는 것이 아니라, 속도의 중요성을 강조하는 말이라는 생각이 들었어요. 시작하지 않으면 힘들고 불가능한 이유만 계속 떠오르거든요. 일단 시작하면 어떻게 해야 할지 방향이 보일 겁니다.

영어책 한 권을 아이와 함께 읽는 것으로 그 첫걸음을 내디뎌보는 것은 어떨까요? 책과 함께 성장해가는 아이를 보면 부모의 생각에도 변화가 생길 수 있어요. 방향에 대한 확신을 가지고 나아갈 수 있어요. 그리고 아이의 속도에 맞추어갈 수 있습니다.

지금이라도 늦지 않았으니 당장 시작해보면 좋겠습니다. 영어책을 읽다가 실패하거나 중도에 포기하시는 분이 많아 두려울 수 있어요. '엄마표 영어'나 '영어책 읽기' 관련 책이 많이 나와 있습니다. 그중에서 우리 아이에게 적용할 만한 한 가지를 찾아보시기 바랍니다. 한 가지를 찾았다면 꾸준히 실천하면 됩니다. 어려운 방법이었다면 아마 저도 중간에 포기했을지도 모릅니다. 어렵지 않으니 두려워할 필요가 없어요.

엄마표 영어는 엄마의 희생을 강요하고 영어에 모든 시간과 비용을 쏟아붓는 방법이 아닙니다. 시작해보면 알게 될 거예요. 가장 경제적이고 효율적인 방법이라는 것을요! 엄마도 아이도 힘든 방법이라면 절대 꾸준히 할 수 없거든요. 아이들 일상생활 안에 영어가 살아 있으면서 다른 공부 및 활동이 일상의 영어와 조화를 이루는 과정입니다. 두려운 마음을 버리고 지금 시작해보세요. 엄마와 아이 모두가 행복한 방법이 될 거라 믿어요. "이렇게도 영어가 되는구나!"를 느끼고 저절로 미소가 지어질 겁니다. 아이들에게 인생을 뒷받침할 언어 능력을 선물해주세요.

외고에서 통하는 엄마표 영어의 힘

여기에서 제시한 책과 영상은 참고로만 보고 아이가 좋아할 만한 것을 찾아보세요. 아이들이 좋아하는 것이 최고의 방법입니다. 기준은 외부가 아니라 바로 가장 가까이에 있는 자녀니까요. 정보가 넘쳐나는 때에 방법을 찾느라 시간을 너무 쏟지 말기를 바랍니다. 어떤 좋은 것이라도 실천하지 않으면 아무 소용이 없으니까요. 일단 시작하고 꾸준히 진행해보세요. 그러면 다음 방향은 저절로 보일 겁니다. 그리고 영어를 즐기고 있는 소중한 아이들을 만나게 될 것입니다.

추천 영어책

영어 그림책

A Tree Is Nice
(나무는 좋다)
Janice May Udry 지음

Are You My Mother?
P. D. Eastman 지음

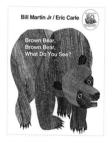

Brown Bear, Brown Bear, What Do You See?
(갈색 곰아, 갈색 곰아, 무엇을 보고 있니?)
Bill Martin Jr., Eric Carle 지음

Chicka Chicka Boom Boom
Bill Martin Jr., John Archambault 지음

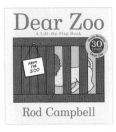

Dear Zoo
Rod Campbell 지음

Does a Kangaroo Have a Mother, Too?
Eric Carle 지음

Dr. Seuss's ABC
Dr. Seuss 지음

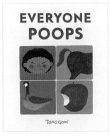

Everyone Poops
Taro Gomi 지음

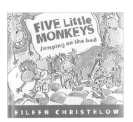

Five Little Monkeys Jumping on the Bed
Eileen Christelow 지음

From Head to Toe
Eric Carle 지음

Go Away Mr Wolf!
Mathew Price, Atsuko Morozumi 지음

Go Away, Big Green Monster!
Ed Emberley 지음

Goodnight Moon
(잘 자요, 달님)
Margaret Wise Brown 지음

Here Are My Hands
(손, 손, 내 손은)
Bill Martin Jr, John Archambault 지음

If You Give a Mouse a Cookie
Laura Joffe Numeroff 지음

Love You Forever
(언제까지나 너를 사랑해)
Robert Munsch 지음

외고에서 통하는 엄마표 영어의 힘

Mixed-Up Chameleon
(뒤죽박죽 카멜레온)
Eric Carle 지음

Monster, Monster
Melanie Walsh 지음

More More More, Said the Baby
(또, 또, 또 해주세요)
Vera B. Williams 지음

My Friend Gorilla
Atsuko Morozumi 지음

No, David!
(안 돼, 데이비드!)
David Shannon 지음

Papa, Please Get the Moon for Me
(아빠, 달님을 따 주세요)
Eric Carle 지음

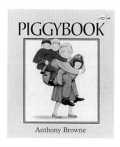

Piggybook
(돼지책)
Anthony Browne 지음

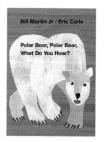

Polar Bear, Polar Bear, What Do You Hear?
(북극곰아, 북극곰아, 무슨 소리가 들리니?)
Eric Carle 지음

Silly Sally
Audrey Wood 지음

Sylvester and the Magic Pebble
(당나귀 실베스터와 요술 조약돌)
William Steig 지음

Thank You, Mr. Falker
(고맙습니다, 선생님)
Patricia Polacco 지음

The Giving Tree
(아낌없이 주는 나무)
Shel Silverstein 지음

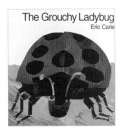

The Grouchy Ladybug
(퉁명스러운 무당벌레)
Eric Carle 지음

The Gruffalo
(숲속 괴물 그루팔로)
Julia Donaldson 지음

The Very Hungry Caterpillar
(배고픈 애벌레)
Eric Carle 지음

Today is Monday
(오늘은 월요일)
Eric Carle 지음

We're Going on a Bear Hunt
(곰 사냥을 떠나자)
Michael Rosen, Helen Oxenbury 지음

Where the Wild Things Are
(괴물들이 사는 나라)
Maurice Sendak 지음

Willy the Dreamer
(꿈꾸는 윌리)
Anthony Browne 지음

리더스북

* 시리즈는 대표 도서 한 권의 이미지만 제시함

I Can Read: Days With Frog and Toad
(개구리와 두꺼비가 함께)
HarperTrophy

I Can Read: Little Bear
(꼬마 곰)
HarperTrophy

Arthur Adventure
Little Brown and Company

Curious George
(큐리어스 조지)
Houghton Mifflin

Fly Guy
(파리보이)
Scholastic

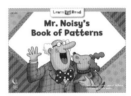

Learn to Read
Creative Teaching Press, Inc.

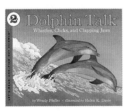

Let's Read and Find Out Science
HarperTrophy

Little Critter
HarperTrophy

Mr. Putter and Tabby
Harcourt

Oxford Reading Tree
Oxford University Press

Scholastic Hello Reader
Scholastic

Scholastic Reader
Scholastic

Science Story Book
(세상에서 가장 쉬운 사이언스 스토리북)
Scholastic

Step into Reading
Random House

외고에서 통하는 엄마표 영어의 힘

The Berenstain Bears
Random House

챕터북

* 시리즈는 대표 도서 한 권의 이미지만 제시함

A to Z Mysteries
Ron Roy 지음

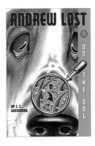

Andrew Lost
J. C. Greenburg 지음

Arthur Chapter Book
Marc Brown 지음

Captain Underpants
Dav Pilkey 지음

Encyclopedia Brown
Donald J. Sobol 지음

Franny K. Stein, Mad Scientist
Jim Benton 지음

Geronimo Stilton
Geronimo Stilton 지음

Horrible Harry
Suzy Kline 지음

외고에서 통하는 엄마표 영어의 힘

Horrid Henry
Francesca Simon 지음

Junie B. Jones
Barbara Park 지음

Magic School Bus
Joanna Cole 지음

Magic Tree House
Mary Pope Osborn 지음

Marvin Redpost
Louis Sachar 지음

Nate the Great
Marjorie Weinman Sharmat 지음

SpongeBob SquarePants
Terry Collins 외 지음

The Time Warp Trio
Jon Scieszka 지음

The Zack Files
Dan Greenburg 지음

Usborne Young Reading
Jonathan Swift 외 지음

Wayside School
Louis Sachar 지음

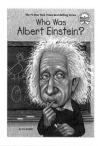

Who Was
Jess Brallier 외 지음

외고에서 통하는 엄마표 영어의 힘

소설

1984
(1984)
George Orwell 지음

A Series of Unfortunate Events
(레모니 스니켓의 위험한 대결)
Lemony Snicket 지음

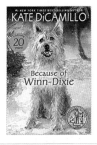

Because of Winn-Dixie
(내 친구 윈딕시)
Kate Dicamillo 지음

Charlotte's Web
(샬롯의 거미줄)
E. B. White 지음

Classic Starts
Mark Twain 외 지음

George's Secret Key to the Universe
(조지의 우주를 여는 비밀 열쇠)
Stephen Hawking, Lucy Hawking 지음

Harry Potter
(해리 포터)
J. K. Rowling 지음

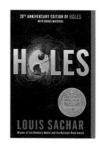

Holes
(구덩이)
Louis Sachar 지음

How to Steal a Dog
(개를 훔치는 완벽한 방법)
Barbara O'connor 지음

Lord of the Flies
(파리대왕)
William Golding 지음

외고에서 통하는 엄마표 영어의 힘

Number the Stars
(별을 헤아리며)
Lois Lowry 지음

Percy Jackson
(퍼시 잭슨)
Rick Riordan 지음

River Boy
(리버 보이)
Tim Bowler 지음

Roald Dahl 시리즈
Roald Dahl 지음

The Chronicles of Narnia
(나니아 연대기)
C. S. Lewis 지음

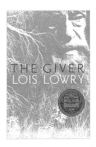

The Giver
(더 기버)
Lois Lowry 지음

The Hunger Games
(헝거게임)
Suzanne Collins 지음

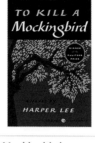

To Kill a Mockingbird
(앵무새 죽이기)
Harper Lee 지음

Warriors
(고양이 전사들)
Erin Hunter 지음

Wonder
(원더)
R. J. Palacio 지음

외고에서 통하는 엄마표 영어의 힘

외고에서 통하는
엄마표 영어의 힘

초판 1쇄 발행 2021년 4월 13일

지은이 | 김태인
펴낸곳 | 믹스커피
펴낸이 | 오운영
경영총괄 | 박종명
편집 | 김효주 최윤정 이광민 강혜지 이한나 김상화
디자인 | 윤지예
마케팅 | 송만석 문준영 이태희
등록번호 | 제2018-000146호(2018년 1월 23일)
주소 | 04091 서울시 마포구 토정로 222 한국출판콘텐츠센터 319호(신수동)
전화 | (02)719-7735   팩스 | (02)719-7736
이메일 | onobooks2018@naver.com   블로그 | blog.naver.com/onobooks2018
값 | 16,000원
ISBN 979-11-7043-189-3 03590

* 믹스커피는 원앤원북스의 인문·문학·자녀교육 브랜드입니다.
* 잘못된 책은 구입하신 곳에서 바꿔 드립니다.
* 이 책은 저작권법에 따라 보호받는 저작물이므로 무단 전재와 무단 복제를 금지합니다.
* 원앤원북스는 독자 여러분의 소중한 아이디어와 원고 투고를 기다리고 있습니다. 원고가 있으신 분은
  onobooks2018@naver.com으로 간단한 기획의도와 개요, 연락처를 보내주세요.